影视编辑技术与应用案例解析

徐赫楠　韩兵　张艺凡　编著

清华大学出版社
北京

内 容 简 介

本书内容以理论作铺垫，以实操为主线，全面系统地讲解了Premiere 2022的基本操作方法与核心应用功能，用通俗易懂的语言、图文并茂的形式对Premiere影视编辑知识进行了全面细致的剖析。

全书共9章，遵循由浅入深、从基础知识到案例进阶的学习原则，逐一讲解影视编辑基础知识、软件入门、素材剪辑、字幕设计、视频过渡效果、视频效果、音频剪辑、项目输出等内容，并结合Photoshop软件介绍静态图像的制作与编辑技巧，以帮助刚入行的剪辑新手了解影视编辑的全过程。

本书结构合理，内容丰富，易学易懂，既有鲜明的基础性，也有很强的实用性。本书既可作为高等院校相关专业的教材，又可作为培训机构以及影视行业从业者的参考用书。

图书在版编目（CIP）数据

影视编辑技术与应用案例解析 / 徐赫楠，韩兵，张艺凡编著. —北京：清华大学出版社，2024.1
ISBN 978-7-302-65246-5

Ⅰ.①影…　Ⅱ.①徐…　②韩…　③张…　Ⅲ.①视频编辑软件－案例　Ⅳ.①TN94

中国国家版本馆CIP数据核字（2024）第013119号

责任编辑：李玉茹
封面设计：杨玉兰
责任校对：翟维维
责任印制：曹婉颖

出版发行：清华大学出版社
　　　　网　　　址：https://www.tup.com.cn, https://www.wqxuetang.com
　　　　地　　　址：北京清华大学学研大厦A座　　　邮　　编：100084
　　　　社 总 机：010-83470000　　　　　　　　　邮　　购：010-62786544
　　　　投稿与读者服务：010-62776969，c-service@tup.tsinghua.edu.cn
　　　　质 量 反 馈：010-62772015，zhiliang@tup.tsinghua.edu.cn
　　　　课 件 下 载：https://www.tup.com.cn, 010-62791865
印 装 者：三河市君旺印务有限公司
经　　销：全国新华书店
开　　本：185mm×260mm　　　**印　张**：16.75　　　**字　数**：395千字
版　　次：2024年3月第1版　　　　　　　　　　　　　**印　次**：2024年3月第1次印刷
定　　价：79.00元

产品编号：102728-01

前　言

影视编辑行业的从业者对Premiere软件是再熟悉不过了。Premiere是一款专业的非线性音视频编辑软件，利用它可以轻松地剪辑合成视频。可以说，Premiere现已成为影视编辑领域的必备软件。

Premiere软件除了在影视剪辑方面展现出强大的功能性和优越性外，在软件协作性方面也体现出了它的优势。根据需求，剪辑者可将剪辑好的视频调入After Effects、Photoshop等软件进行完善和加工；同时，也可将PSD、JPG等格式的文件导入Premiere软件进行编辑，从而节省用户处理视频的时间，提高编辑效率。

随着软件版本的不断升级，目前Premiere软件已逐步向智能化、人性化、实用化发展，旨在让剪辑师将更多的精力和时间用在作品创新上，以便给大家呈现出更完美的设计作品。

在党的二十大精神的指引下，本书贯穿"素养、知识、技能"三位一体的教学目标，从"爱国情怀、社会责任、法治思维、职业素养"等维度落实课程思政；提高学生的创新意识、合作意识和效率意识，培养读者精益求精的工匠精神，弘扬社会主义核心价值观。

本书内容概述

本书共分9章，各章节内容如下。

章　节	内容导读	难点指数
第1章	主要介绍影视编辑相关知识、影视编辑应用范围及影视编辑应用软件等内容	★☆☆
第2章	主要介绍Premiere工作界面、常用面板、首选项设置及素材的创建和管理等内容	★☆☆
第3章	主要介绍素材的剪辑及剃刀工具、滚动编辑工具等常用工具的使用方法	★☆☆
第4章	主要介绍文本的创建、编辑及调整等内容	★★☆
第5章	主要介绍常用的视频过渡效果及视频过渡效果的编辑调整操作等内容	★★★
第6章	主要介绍常用视频效果、视频效果的类型与编辑、关键帧的添加与调整，以及蒙版和蒙版跟踪效果的制作等内容	★★★
第7章	主要介绍常用音频效果、常用音频过渡效果及音频编辑方法等内容	★★☆
第8章	主要介绍影片输出前的准备工作、可输出的文件格式及输出设置等内容	★☆☆
第9章	主要介绍Photoshop的工作界面、图层、图形绘制、文本创建等基础内容，以及图像修复、调色、选区、蒙版和滤镜等图像处理方法	★★☆

选择本书的理由

本书采用**案例解析 + 理论讲解 + 课堂实战 + 课后练习 + 拓展赏析**的结构进行编写，内容由浅入深，循序渐进。读者可带着疑问去学习知识，并从实战应用中激发学习兴趣。

（1）专业性强，知识覆盖面广。

本书主要围绕影视编辑行业的相关知识展开讲解，并对不同类型的案例制作技巧进行剖析，以便让读者了解并掌握该行业的一些剪辑要点。

（2）带着疑问学习，提升学习效率。

本书首先对案例进行解析，然后针对案例中的重点工具进行深入讲解。读者带着问题去学习相关的理论知识，能有效提升学习效率。此外，本书所有的案例都是精心设计的，读者可将这些案例应用到实际工作中。

（3）多软件协同，呈现完美作品。

一部优秀的作品，通常是由多款软件共同协作完成的。在创作本书时，添加了Photoshop软件协作章节，让读者能够结合Photoshop软件编辑影片，从而制作出更精美的影视效果。

本书读者对象

- 从事影视编辑工作的人员
- 高等院校相关专业的师生
- 培训机构学习影视编辑的学员
- 对影视编辑有着浓厚兴趣的爱好者
- 想通过知识改变命运的有志青年
- 想掌握更多技能的办公室人员

本书由徐赫楠、韩兵、张艺凡编写。本书在编写过程中力求严谨细致，但由于时间与精力有限，疏漏之处在所难免，望广大读者批评、指正。

编　者

视频A

视频B

索取课件与教案

目 录

第1章　零基础学影视编辑

第2章 影视编辑之软件入门

第3章 影视编辑之素材剪辑

影视编辑之字幕设计

影视编辑

影视编辑之视频过渡效果

影视编辑

第6章 影视编辑之视频效果

第7章 影视编辑之音频剪辑

影视编辑

第8章　影视编辑之项目输出

影视编辑

第9章 软件协同之 PS 图像处理工具

影视编辑

素材文件

第 **1** 章

零基础学影视编辑

内容导读

　　本章将对影视编辑的基础内容进行介绍，包括影视编辑相关知识、影视编辑应用范围、影视编辑常用软件等。了解这些内容，可以帮助读者更轻松地学习影视编辑的相关操作，掌握影视编辑的技巧。

思维导图

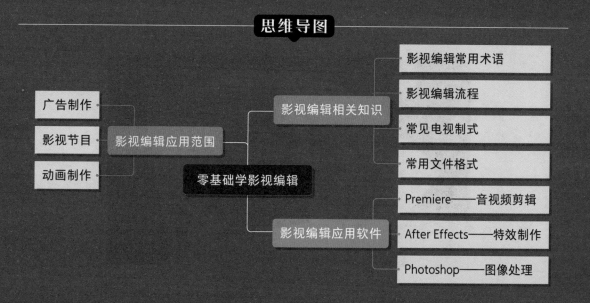

1.1 影视编辑相关知识

影视编辑是影视制作中非常重要的环节，是指对拍摄或用软件制作的影片进行剪辑，使其内容呈现更流畅、更生动、更精彩的过程。在学习影视编辑之前，首先需要了解影视编辑的相关知识，本小节将对此进行介绍。

1.1.1 影视编辑常用术语

了解影视编辑相关术语可以帮助从业者更好地进行影视编辑操作。

1. 帧

帧是影视动画的最小时间单位。人们在电视中看到的影视动画其实都是由一系列的单个图片构成的，相邻图片之间的差别很小，这些图片连在一起播放就形成了活动的画面，其中的每一幅图片就是一帧。

2. 帧速率

帧速率是指播放视频时每秒刷新的图片的帧数。帧速率越大，播放越流畅。一般来说，电影的帧速率是24帧/s，PAL制式的电视系统帧速率是25帧/s，NTSC制式的电视系统帧速率是29.97帧/s。在影视编辑的过程中，可以根据需要及素材设置帧速率。

3. 关键帧

关键帧是指具有关键状态的帧。两个不同状态的关键帧之间就形成了动画。关键帧与关键帧之间的变化由软件生成，两个关键帧之间的帧又称过渡帧。在影视编辑的过程中，可以通过添加关键帧制作变化效果。

4. 字幕

字幕一般指在影视作品后期制作的文字，包括影片片名、演职员表、对白、说明词等。图1-1所示为说明词字幕。字幕可以使影片内容更加清晰地展现在观众面前，帮助观众更好地理解影片。

图1-1

5. 转场

转场是指场景与场景之间的过渡或转换。编辑影视作品时，可以通过转场将原本不衔接的素材片段衔接到一起，使视觉效果更加流畅自然。

6. 线性编辑 / 非线性编辑

线性编辑和非线性编辑都是处理素材的一种方式。其中，线性编辑是指按照时间顺序将素材连接成新的连续画面的技术，其优点在于可多次使用且不损伤磁带，但线性编辑的影片较难修改，且所需设备多，操作较为复杂。非线性编辑可以借助计算机来进行数字化制作，与线性编辑相比，非线性编辑更加快捷简便且便于修改，可多次进行编辑而不影响信号质量。现在大部分电视电影制作机构都采用了非线性编辑。

7. 像素

像素是指由一个数字序列表示的图像中的一个最小单位。将图像不断放大，可以看到很多小方格，这些小方格具有明确的颜色信息，图像所呈现出的样子就取决于这些小方格。图1-2所示为图像放大后的效果。

图 1-2

8. 时间码

时间码是指影视编辑中视频的时间编码，可用于识别和记录视频数据流中的每一帧，以便在编辑和广播中进行控制，其格式为"小时:分钟:秒:帧"。

9. 场

场是电视系统中的一个概念，指在隔行扫描方式播放的设备中，拆分显示的残缺画面，每帧被隔行扫描分割为两场。场以水平线分割的方式保存帧的内容，在显示时先出现第一个场的交错间隔内容，然后再用第二个场来填充第一个场留下的缝隙，即一帧画面是由两场扫描完成的。

隔行扫描视频的每一帧由两个场构成，被称为"上"扫描场和"下"扫描场，或奇场和偶场。这些场按顺序显示在NTSC或PAL制式的监视器上，能够产生高质量的平滑图像。

10. 隔行扫描和逐行扫描

隔行扫描和逐行扫描都是对位图图像进行编码的方法。其中，隔行扫描可以在不消耗额外带宽的情况下将视频显示的感知帧速率加倍，即运动图像的每一帧被分割为奇偶两场图像交替显示，该方式可以增强观众的运动感知，节省电视广播频道的频谱资源。逐行扫描是指每一帧图像由电子束顺序地一行一行连续扫描的方式，与隔行扫描相比，逐行扫描更加稳定，且画面平滑自然，无闪烁。

1.1.2 影视编辑流程

影视编辑主要包括粗剪和精剪两部分。下面将对这两部分进行说明。

1. 粗剪

粗剪又称初剪，是指后期制作人员对素材进行整理，将其按照脚本顺序拼接为一个没有视觉特效、旁白和音乐的简易影片。粗剪完成后，影片具备基本的结构，但各个素材都还需要进行再处理，以实现自然衔接的效果。

2. 精剪

精剪是在粗剪的基础上进一步处理素材，修改粗剪中不满意的部分，然后将特技合成到影片中。精剪完成后，影片就完成了画面部分的操作。后续还需要添加特效、音乐等元素，并将这些元素合成为整体。

1.1.3 常见电视制式

电视制式是指实现电视图像或声音信号所采用的一种技术标准，不同国家选用不同的电视制式。常用的电视制式包括PAL、NTSC及SECAM三种。

1. PAL 制式

PAL制式即为正交平衡调幅逐行倒相制，是一种同时制，每秒25帧，扫描线为625行，奇场在前，偶场在后。标准的数字化PAL电视标准分辨率为720像素×576像素，24比特的色彩位深，画面比例为4∶3。中国内地、中国香港地区、德国、印度、巴基斯坦等国家和地区均采用PAL制式。

PAL制式克服了NTSC制式对相位失真的敏感性，对同时传送的两个色差信号中的一个采用逐行倒相，另一个采用正交调制，有效克服了因相位失真而引起的色彩变化。

2. NTSC 制式

NTSC制式即为正交平衡调幅制，帧速率为29.97fps，扫描线为525行，标准分辨率为853像素×480像素。NTSC制式电视接收机电路简单，但易产生偏色。美国、墨西哥、日本、中国台湾地区、加拿大等国家和地区均采用NTSC制式。

3. SECAM 制式

SECAM制式即为逐行轮换调频制，属于同时顺序制，帧速率为每秒25帧，扫描线为625行，隔行扫描，画面比例为4∶3，分辨率为720像素×576像素。SECAM制式不怕干扰，彩色效果好，但兼容性差。该制式通过行错开传输时间的方法来避免同时传输时所产生的串色以及由其造成的彩色失真。俄罗斯、法国、埃及以及非洲的一些法语系国家均采用SECAM制式。

1.1.4　常用文件格式

　　视频编辑过程中需要用到多种类型的素材，如视频、图像、音频等。本小节将对不同类型素材文件的常用格式进行说明。

1. 视频常用格式

- **MPEG格式：** 运动图像专家组格式。该格式采用有损压缩的方式，可减少运动图像中的冗余信息，主要压缩标准有MPEG-1、MPEG-2、MPEG-4、MPEG-7和MPEG-21。常见的VCD、DVD采用的就是这种格式。
- **AVI格式：** 音频视频交错格式。该格式支持音视频同步播放，且图像质量好，可以跨多个平台使用，但体积过大，压缩标准不统一，常用于多媒体光盘。
- **MOV格式：** 由苹果公司开发的一种音视频文件格式，可用于存储常用数字媒体类型，文件后缀为".mov"。该格式所用存储空间小，且画面效果略优于AVI格式。
- **WMV格式：** 由微软公司推出的一种流媒体格式。在同等视频质量下，该格式的文件体积很小，且可以一边下载一边播放，非常适合在网上播放和传输。
- **FLV格式：** 一种视频流媒体格式，文件体积小，加载速度快，适合在网络上观看。
- **H.264格式：** H.264格式具有很高的数据压缩比率，容错能力强，同时图像质量也很高，在网络传输中更为方便经济，文件后缀为".mp4"。

2. 图像常用格式

- **JPEG格式：** 最常用的图像文件格式，其后缀为".jpg"或".jpeg"。该格式通过有损压缩的方式去除冗余的图像数据，所占空间较小但图像品质较高。可以选择压缩级别进行压缩，灵活度很高。
- **TIFF格式：** 标签图像文件格式。该格式是一种灵活的位图格式，支持多个色彩系统且独立于操作系统，应用较为广泛。
- **RAW格式：** 原始图像文件。该格式是一种无损压缩格式，其数据是未经相机处理的原文件，一般具有宽色域的内部色彩，可以精确调整。上传电脑后，需要将其存储为TIFF或JPEG格式。
- **BMP格式：** Windows操作系统中的标准图像文件格式。该格式几乎不压缩图像，文件包含丰富的图像信息，但占据内存较大，适合单机播放。
- **GIF格式：** 图形交换格式。该格式是一种公用的图像文件格式标准，可以以超文本标记语言方式显示索引彩色图像，能在多个平台上使用。
- **PNG格式：** 便携式网络图形，其后缀为".png"。该格式属于无损压缩，体积小，压缩比高，支持透明效果，支持真彩和灰度级图像的Alpha通道透明度，多用于网页、Java程序中。
- **PSD格式：** Photoshop的专用格式。这是一种非压缩的原始文件格式，支持全部图像色彩模式，可以保留图层、通道、蒙版、路径等信息，但占用磁盘空间较大。处理完图像后，可以输出为其他通用格式。
- **TGA格式：** 它兼具体积小和效果清晰等特点，是计算机上应用最广泛的图像格式，其后缀为".tga"。该格式可以做出不规则形状的图形、图像，是图像向电视转换的一种首选格式。

3. 音频常用格式

- **CD格式**：cda音轨索引格式，是CD音乐光盘中的文件格式，其音质好，基本与原声一致。
- **WAVE格式**：该格式为微软和IBM联合开发的用于音频数字存储的标准，文件扩展名为".WAV"。该格式是最经典的Windows多媒体音频格式，音质和CD相似，支持音频位数、采样频率和声道，但所占用的存储空间较大。
- **AIFF格式**：音频交换文件格式。该格式由苹果公司开发，属于QuickTime技术的一部分。AIFF格式支持ACE2、ACE8、MAC3和MAC6压缩，支持16位44.1kHz立体声。
- **MP3格式**：其全称是动态影像专家压缩标准音频层面3。该格式可以大幅降低音频数据量，减少占用空间，且保留较好的音质，适合在移动设备中存储和使用。
- **WMA格式**：微软公司推出的一种音频格式。该格式通过减少数据流量但保持音质的方法来提高压缩率，在压缩比和音质方面都比MP3格式好，且支持音频流技术，适合线上播放。
- **OggVorbis格式**：该格式类似于MP3等音乐格式，完全免费、开放且没有专利限制，其后缀为".ogg"。改良OGG文件格式的大小和音质，不会影响旧有的编码器或播放器。
- **APE格式**：该格式为无损压缩格式，压缩后可以无损还原，保证了文件的完整性。
- **FLAC格式**：该格式为无损音频压缩编码，压缩后不会丢失任何信息。FLAC免费且支持大多数操作系统，应用也非常广泛。
- **AAC格式**：其全称是高级音频编码。该格式采用全新的算法进行编码，更加高效，压缩比较高，但因其为有损压缩，音质相对有所不足。

操作提示

同类型不同格式文件，可通过格式转换软件进行转换。

1.2　影视编辑应用范围

影视编辑作为影视制作中一个重要环节，广泛应用于多个领域，如广告制作、影视节目、动画制作、游戏动漫等。简单地说，日常生活中可以看到的影视媒体作品基本都离不开影视编辑。本小节将对其在不同领域的应用进行介绍。

1.2.1　广告制作

广告制作是指根据广告要求，制作可供宣传的广告作品。除平面广告外，还可以拍摄制作适用性更广的广告宣传片。影视编辑可以将拍摄的广告素材合成并进行剪辑，增强广告的节奏感，同时可以添加片头、特效、字幕等内容，使广告呈现更加理想的效果。图1-3所示为制作的广告效果。

图 1-3

1.2.2 影视节目

影视节目包括影视媒体中的电影、电视节目等，其结合了画面、声音、情节等多种内容，能够呈现出无与伦比的视觉盛宴。影视节目的制作与影视编辑息息相关，其以视觉传达设计理论为基础，以影视节目脚本为骨骼，通过影视编辑设备及影视编辑技巧编辑完善影片，制作出完整的影视节目。图1-4所示为影视节目效果。

图 1-4

1.2.3 动画制作

影视编辑在动画制作中起着重要的作用，它可以借助科技技术、虚拟现实技术等制作超出现实的效果，使动画呈现出奇幻的色彩，能提高动画作品的观赏性和视觉冲击力；同时影视编辑还可以剪辑动画素材，为动画添加配音、音效等内容，使动画的节奏感、整体性更强。图1-5所示为制作的动画效果。

图 1-5

1.3　影视编辑应用软件

随着数字技术的发展，计算机逐步取代了早期的影视编辑设备，用户可以方便地通过计算机中的专业软件编辑影视作品。常用的影视编辑应用软件包括Premiere、After Effects、Photoshop等，其中，Premiere主要用于剪辑影视素材，After Effects多用于制作视频特效，Photoshop可以处理影视作品中的图像内容。

1.3.1　Premiere——音视频剪辑

Premiere软件是由Adobe公司出品的一款非线性音视频编辑软件，可用于剪辑视频，以及组合和拼接视频片段；同时Premiere具备简单的特效制作、字幕制作、调色、音频处理等功能，几乎可以满足影视编辑的各种需要。与其他视频编辑软件相比，Premiere的协同操作能力更强，能与Adobe公司旗下其他软件兼容，画面质量也较高，是影视编辑中最常用的软件之一。图1-6所示为Premiere启动界面。

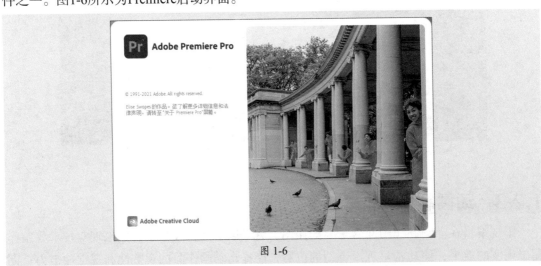

图 1-6

1.3.2 After Effects——特效制作

After Effects同样出自Adobe公司，是一款非线性特效制作视频软件，多用于合成视频和制作视频特效。该软件可以帮助用户创建动态图形和实现精彩的视觉效果，结合使用三维软件和Photoshop软件，可以制作出更具视觉表现力的影视作品。图1-7所示为After Effects启动界面。

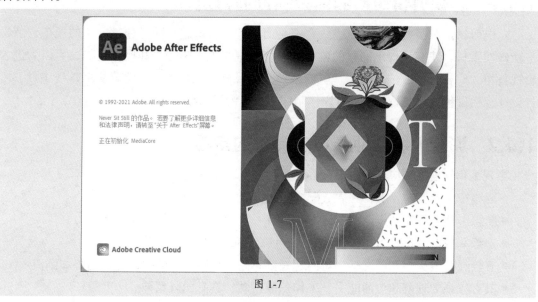

图 1-7

1.3.3 Photoshop——图像处理

Photoshop软件与After Effects、Premiere软件同属于Adobe公司，是一个专业的图像处理工具。Photoshop软件主要处理由像素构成的数字图像。在应用时，用户可以直接将Photoshop软件制作的平面作品导入Premiere软件或After Effects软件中协同工作，以满足日益复杂的视频制作需求。图1-8所示为Photoshop启动界面。

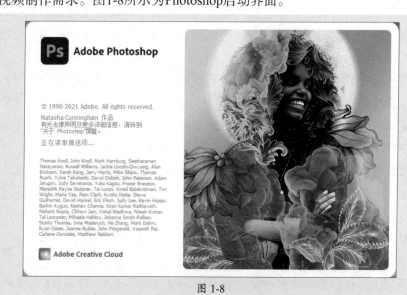

图 1-8

1.4　影视剪辑在行业中的应用

影视剪辑是影视制作的重要组成部分，是随着影视发展逐步完善成熟的一种技术。它通过对素材进行编辑，使之形成独有的风格与节奏。

1.4.1　影视剪辑对应的岗位和行业概况

影视剪辑是对素材的拆分重组，它不是简单的素材堆叠，而是通过一定的规律与节奏重新排列素材，使其呈现出完整的剧情。熟练掌握影视编辑理论和操作技能，可以为进入影视公司、广告公司、传媒公司、电商公司、游戏公司、企事业单位等从事影视编辑、广告设计、栏目包装、产品展示、自媒体制作等工作铺平道路。

1.4.2　影视编辑从业人员应具备的素养

影视编辑从业人员应具备以下素养。

- 能够按照导演的要求，独立或配合团队完成项目中的剪辑工作。
- 熟悉影片的后期制作流程及标准，具有一定的编导思维和后期导演能力。
- 熟练掌握Premiere、After Effects、FinalCut Pro等后期制作软件。
- 有较强的镜头感和节奏感，对内容趋势有高度敏感性，能把握话题趋势和潮流。
- 具有较强的理解和沟通能力，工作积极主动，具有团队精神。
- 有一定的自学能力，乐于接受新鲜事物。

课堂实战　了解蒙太奇

蒙太奇在法语中是"剪接"的意思，简单地说，就是将不同的镜头拼接在一起，使之产生单个镜头所不具有的特定含义。在功能上，蒙太奇可以高度地概括和集中表现内容，使影视内容主次分明；同时通过蒙太奇，可以跨越时空的限制，使影视内容获得较大的设计自由。

根据不同的分类标准，可以将蒙太奇分为不同的类型。常见的类型包括平行蒙太奇、交叉蒙太奇、连续蒙太奇等。

- **平行蒙太奇**：两条或两条以上的情节线并列表现，分头叙述，最后统一在一个完整的结构中。该类型蒙太奇可以加强影片节奏感，产生强烈的感染力。
- **交叉蒙太奇**：异地的两条或两条以上的情节线交替剪接，其中一条线索的发展影响其他线索，各线索相互依存，最后归于一体。该类型蒙太奇可以产生悬念，制造紧张激烈的气氛，能有效调动观众情绪。
- **连续蒙太奇**：按照时间逻辑用一条情节线发展，内容较为平淡，多与其他蒙太奇手法混用。

在影视编辑中，往往会应用多种蒙太奇手法，以展现出更加丰富的视觉效果。

课后练习 学习优秀剪辑技巧

观看不同类型的影视作品，找到它们的编辑特点。

技术要点

- 观看喜欢的影视作品。
- 记录其剪辑特点。
- 研究经典作品的剪辑手法。

读 书 笔 记

《草原上的人们》

《草原上的人们》是东北电影制片厂出品的一部剧情片，由徐韬执导，海默、玛拉沁夫、达木林编剧，乌日娜、恩和森参加演出，上映于1953年。该片改编自玛拉沁夫同名小说，讲述了内蒙古草原牧民与潜藏的敌特分子展开殊死斗争的故事，如图1-9所示。

这部影片以草原为背景，讲述了蒙古族人民在党的带领下，通过劳动、爱情和对敌斗争，积极发展互助合作生产，保卫胜利果实的故事。通过对草原的描绘和对蒙古族人民劳动生活的展示，表达了人们对美好生活的向往和对劳动的热爱，如图1-10所示为该片剧照。

影片具有极高的艺术价值，独特的草原风光结合细腻的剧情设计，搭配出色的民族音乐，为观众带来一场视听盛宴。

图 1-9

图 1-10

素材文件

第2章

影视编辑之软件入门

内容导读

　　本章将对Premiere的基础知识进行讲解，包括Premiere工作界面、常用面板，首选项设置，以及素材的创建和管理等。了解这些内容，可以帮助读者更迅速地认识软件，掌握影视编辑软件的应用技巧。

思维导图

影视编辑之软件入门

首选项设置　　Premiere工作界面

素材的创建和管理　　影视编辑常用面板

新建项目和序列——视频编辑基础

创建素材——新建素材文件

导入素材——置入素材文件

管理素材——归纳整理素材文件

"项目"面板——素材管理

"监视器"面板——素材处理及效果预览

"时间轴"面板——素材编辑

"工具"面板——常用工具

"效果"面板——存放音视频效果

"效果控件"面板——调整素材效果

其他常用面板

2.1 Premiere工作界面

Premiere是一款专业的视频编辑软件，其工作界面包括多个工作区，不同工作区的面板功能侧重不同，用户可以根据需要在不同的工作区进行编辑。图2-1所示为选择"效果"工作区时的界面。

图 2-1

1. 调整面板大小

将鼠标指针置于多个面板组交界处，待鼠标指针变为 ✛ 状时按住鼠标左键拖动即可改变面板组大小。若将鼠标指针置于相邻两个面板组之间的隔条处，待鼠标指针变为 ✛ 状时按住鼠标左键拖动可改变相邻两个面板组的大小。

2. 浮动面板

单击面板右上角的"菜单"按钮，在弹出的菜单中执行"浮动面板"命令，即可将面板浮动显示，如图2-2所示。用户也可以移动鼠标指针至面板名称处，按住Ctrl键拖动使其浮动显示。将鼠标指针置于浮动面板名称处，按住鼠标左键将其拖曳至面板、组或窗口的边缘，可固定浮动面板。

图 2-2

2.2 影视编辑常用面板

Premiere中的每个面板都有其独特的作用，本小节将对这些面板的作用进行介绍。

2.2.1 案例解析——调整视频尺寸

在认识影视编辑常用面板之前，可以先看看以下案例，即使用"效果控件"面板调整视频尺寸。

步骤01 打开本章素材文件"调整视频尺寸素材.prproj"，选中"项目"面板中的"背景.jpg"素材，将其拖曳至"时间轴"面板的V1轨道中，如图2-3所示。

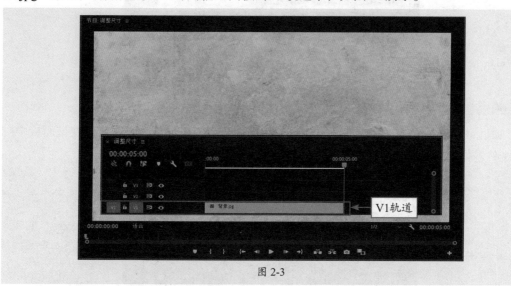

图 2-3

步骤02 选中"项目"面板中的"风景.mp4"素材，将其拖曳至"时间轴"面板的V2轨道中。移动鼠标指针至V1轨道素材出点处，按住鼠标左键拖动调整其长度与V2轨道素材一致，如图2-4所示。

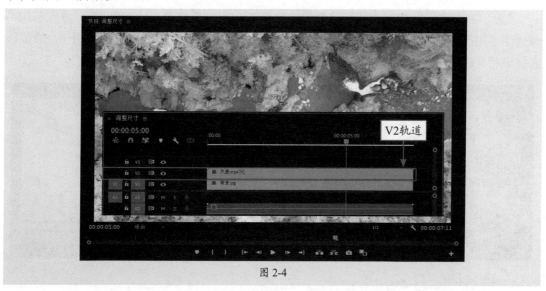

图 2-4

步骤 03 选中V2轨道中的素材，在"效果控件"面板中设置缩放参数，缩小视频，如图2-5所示。至此，完成视频尺寸的调整。

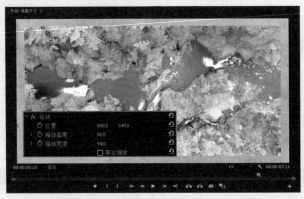

图 2-5

2.2.2 "项目"面板——素材管理

"项目"面板可以链接到影视编辑过程中使用的所有媒体文件，用户可以在该面板中对媒体文件进行组织、管理等操作。图2-6所示为"项目"面板。

图 2-6

2.2.3 "监视器"面板——素材处理及效果预览

"源"监视器面板和"节目"监视器面板都可用于预览效果。不同的是，"源"监视器面板主要用于查看和剪辑原始素材，如图2-7所示。而"节目"监视器面板则用于查看媒体素材编辑合成后的效果，如图2-8所示。

图 2-7

图 2-8

2.2.4 "时间轴"面板——素材编辑

"时间轴"面板是编辑素材的主要面板，在该面板中可以选择素材、剪辑素材、调整素材持续时间等。图2-9所示为"时间轴"面板。

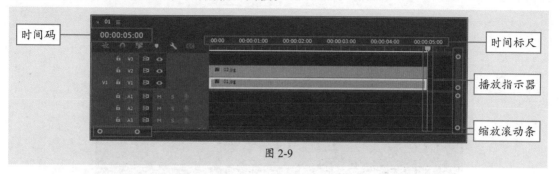

图 2-9

该面板中部分控件的作用如下。

- **时间码**：用于指示播放指示器所在帧的时间。单击后输入时间，可重新定位播放指示器的位置。
- **时间标尺**：用于序列时间的水平测量。指示序列时间的数字沿标尺从左到右显示。随着用户查看序列的细节级别变化，这些数字也会随之变化。
- **播放指示器**：用于指示"节目"监视器面板中显示的当前帧，该帧的内容将显示在"节目"监视器面板中。
- **缩放滚动条**：用于控制时间标尺的比例。该滚动条对应于时间轴上时间标尺的可见区域，用户可以拖动控制柄更改滚动条的宽度及时间标尺的比例。

2.2.5 "工具"面板——常用工具

"工具"面板中存放着用于影视编辑的工具，用户可以选择这些工具在"时间轴"面板中进行操作。图2-10所示为"工具"面板。

图 2-10

2.2.6 "效果"面板——存放音视频效果

"效果"面板中存放着影视编辑时可用的效果，包括预设效果、音频效果、音频过渡、视频效果、视频过渡等，如图2-11所示。每组效果中包括多个效果，用户可以展开相应效果进行应用。

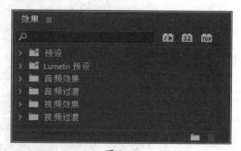

图 2-11

操作提示

部分效果添加至时间轴中的素材上时，即可在"节目"监视器面板中显示效果。但还有一部分效果在添加后，需要在"效果控件"面板中进行设置才能显示效果。

2.2.7 "效果控件"面板——调整素材效果

"效果控件"面板多用于设置选中素材的各项参数,既包括素材的固定属性(如运动、不透明度等),还包括效果的特有属性。图2-12所示为"效果控件"面板。

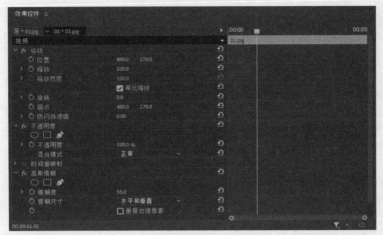

图 2-12

"效果控件"面板中部分按钮的作用如下。

- **切换效果开关** ⨍ :用于设置是否启用效果。
- **切换动画** ⟳ :单击该按钮,将为对应属性添加关键帧以制作动画效果。
- **重置参数** ⟲ :单击该按钮,可将设置的参数重置为初始状态。
- **添加/移除关键帧** ◇ :单击该按钮,将添加关键帧。若播放指示器位于关键帧上,单击该按钮将移除关键帧。
- **过滤属性** ▽ :用于设置"效果控件"面板中显示哪些属性。

2.2.8 其他常用面板

- **基本图形**:用于添加图形、文字等内容,并对添加的内容进行编辑设置。图2-13所示为"基本图形"面板中的"浏览"选项卡。

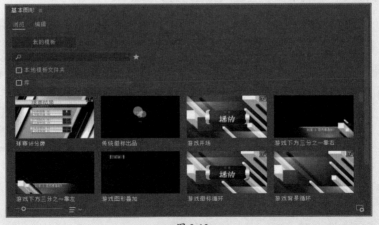

图 2-13

- **基本声音：**用于设置音频混合，通过该面板可以统一音量级别，修复声音，添加特殊效果制作混音等。
- **Lumetri颜色：**用于设置画面颜色，如图2-14、图2-15所示。

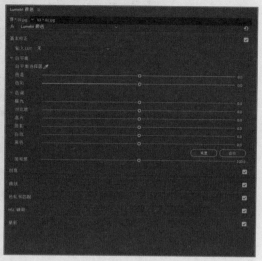

图2-14   图2-15

- **历史记录：**用于记录操作的步骤。
- **信息：**用于显示选中对象的基本信息。
- **Lumetri范围：**用于观察画面中的颜色属性，以便进行调整。图2-16所示为显示波形（RGB）和直方图的效果。

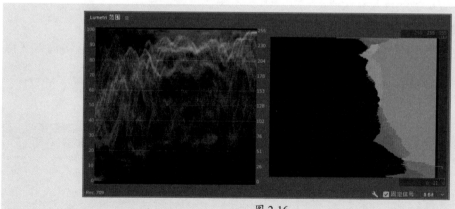

图2-16

2.3 首选项设置

在"首选项"对话框中可以自定义Premiere的外观和行为，使其满足制作需要。执行"编辑"|"首选项"|"常规"命令，即可打开"首选项"对话框中的"常规"选项卡，如图2-17所示。

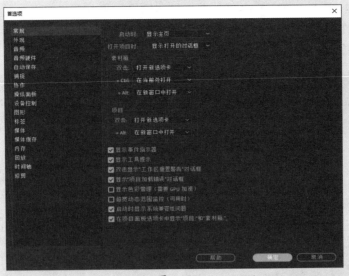

图 2-17

"首选项"对话框中部分选项卡的作用如下。

- **常规：** 设置软件常规选项，包括启动时显示内容、素材箱、项目等。
- **外观：** 设置软件工作界面的亮度。
- **自动保存：** 设置自动保存功能，包括是否自动保存、自动保存时间间隔等。
- **操纵面板：** 设置硬件控制设备。
- **图形：** 设置文本图层的相关参数。
- **标签：** 设置标签颜色及默认值。
- **媒体：** 设置媒体素材参数，包括时间码、帧数等。
- **时间轴：** 设置时间轴的相关属性，包括音视频过渡默认持续时间、静止图像默认持续时间等。

操作提示

调整首选项中的参数后，若想恢复默认设置，可以在启动程序时按住Alt键直至出现启动画面。

2.4 素材的创建和管理

素材是影视编辑的基础，有了素材才可以实现影视编辑的相关操作。在视频编辑软件Premiere中，用户可以创建素材或导入素材进行编辑。本小节将对素材的创建和管理进行介绍。

2.4.1 案例解析——创建倒计时片头

在学习素材的创建和管理之前，可以先看看以下案例，即使用"新建项"按钮新建倒计时片头。

步骤 01 打开Premiere软件，执行"文件"|"新建"|"项目"命令，打开"新建项目"对话框，设置项目名称及存储位置参数，如图2-18所示。设置完成后单击"确定"按钮新建项目。

图 2-18

步骤 02 执行"文件"|"新建"|"序列"命令，打开"新建序列"对话框，切换至"设置"选项卡，自定义序列参数，如图2-19所示。设置完成后单击"确定"按钮新建序列。

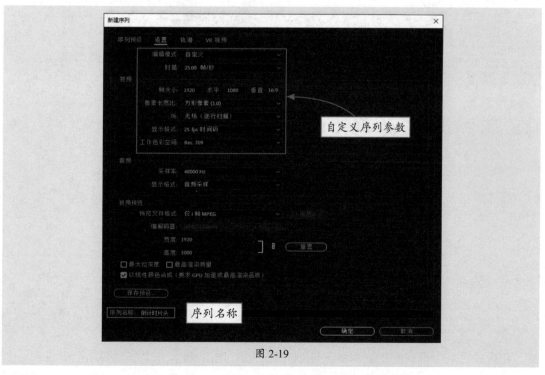

图 2-19

21

步骤 03 单击"项目"面板底部的"新建项"按钮■，在弹出的菜单中执行"通用倒计时片头"命令，打开"新建通用倒计时片头"对话框，保持默认设置后单击"确定"按钮，打开"通用倒计时设置"对话框，设置颜色参数，如图2-20所示。

步骤 04 单击"确定"按钮创建通用倒计时素材，如图2-21所示。至此，完成倒计时片头的创建。

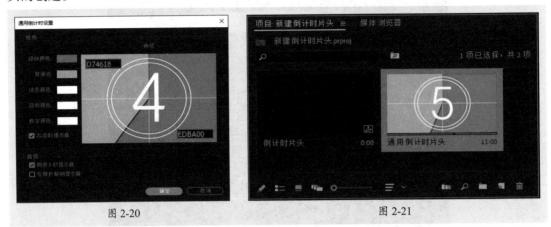

图 2-20 　　　　　　　　　　　　　　　图 2-21

2.4.2　新建项目和序列——视频编辑基础

新建项目是开始影视编辑的第一步，项目文件中存储着与序列和资源有关的信息。执行"文件"|"新建"|"项目"命令或按Ctrl+Alt+N组合键，打开"新建项目"对话框，如图2-22所示。在该对话框中可以设置项目文件的名称、位置等参数。

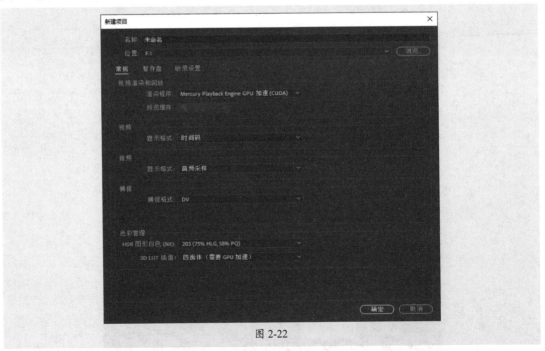

图 2-22

新建项目后，即可根据素材新建序列。序列是一组剪辑，一个序列必须至少包含一个视频轨道和一个音频轨道，每个项目可以包含一个或多个序列，且每个序列可以采用不同

的设置。执行"文件"|"新建"|"序列"命令或按Ctrl+N组合键，可以打开"新建序列"对话框，如图2-23所示。

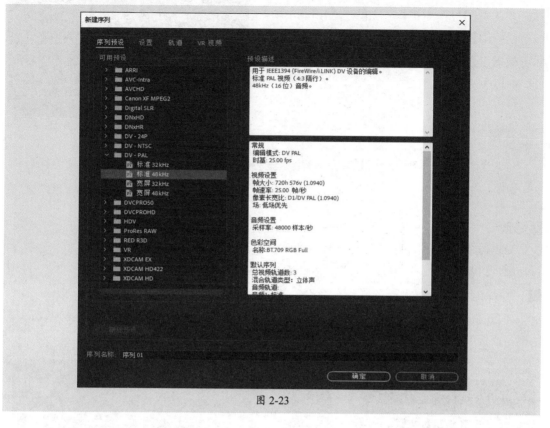

图 2-23

"新建序列"对话框中部分选项卡的作用如下。

- **序列预设**：该选项卡中提供了多种可用的序列预设，用户可以根据需要选择预设，创建新的序列。
- **设置**：用于自定义序列参数。
- **轨道**：用于设置新建序列的轨道参数。

操作提示

　　序列可以规定输出视频的尺寸与输出质量。当添加不同格式和尺寸的素材时，通过新建序列可以保证工作效率和输出时的品质。用户也可以直接将素材拖曳至"时间轴"面板中，软件将基于素材自动新建序列。

2.4.3　创建素材——新建素材文件

　　Premiere支持新建多种类型的素材，如调整图层、彩条、黑场视频、颜色遮罩、通用倒计时片头等。下面将对这些素材进行介绍。

1. 调整图层

　　调整图层是一种透明的特殊图层，在该图层上添加效果将影响"时间轴"面板中位于该素材以下轨道素材的效果。

单击"项目"面板底部的"新建项"按钮，在弹出的菜单中执行"调整图层"命令，打开"调整图层"对话框，如图2-24所示。在该对话框中设置参数后，单击"确定"按钮，即可根据设置创建调整图层并将其存放在"项目"面板中。

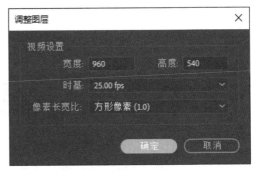

图 2-24

操作提示

用户也可以右击"项目"面板空白处，在弹出的快捷菜单中执行"新建项"|"调整图层"命令新建调整图层。

2. 彩条

彩条包含色条和1-kHz色调的一秒钟剪辑。它可以正确反映出各种色彩的亮度、色调和饱和度，以帮助用户检验视频通道的传输质量。单击"项目"面板底部的"新建项"按钮，在弹出的菜单中执行"彩条"命令，打开"新建色条和色调"对话框，如图2-25所示。在该对话框中设置参数后，单击"确定"按钮，即可根据设置创建彩条，在"节目"监视器面板中可观看效果，如图2-26所示。

图 2-25

图 2-26

3. 黑场视频

黑场视频是一个黑色素材。单击"项目"面板底部的"新建项"按钮，在弹出的菜单中执行"黑场视频"命令，打开"新建黑场视频"对话框，如图2-27所示。在该对话框中设置参数后，即可创建黑场视频素材，调整黑场视频素材的透明度和混合模式，可以影响"时间轴"面板中位于该素材以下素材的显示。

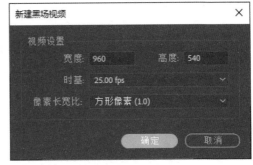

图 2-27

4. 颜色遮罩

颜色遮罩相当于一个纯色素材。单击"项目"面板底部的"新建项"按钮 ▣，在弹出的菜单中执行"颜色遮罩"命令，打开"新建颜色遮罩"对话框，如图2-28所示。在该对话框中设置参数后单击"确定"按钮，打开"拾色器"对话框，设置颜色后单击"确定"按钮，打开"选择名称"对话框，设置颜色遮罩的名称，如图2-29所示；完成后单击"确定"按钮，即可创建相应的颜色遮罩。

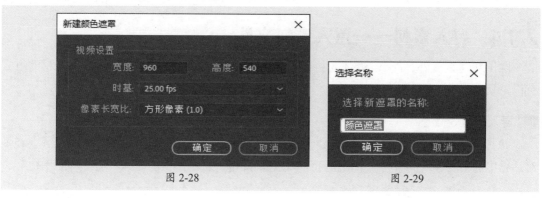

图 2-28 　　　　　　　　　　　　　　　　　　图 2-29

操作提示

创建颜色遮罩素材后，在"项目"面板中双击该素材，可以在弹出的"拾色器"对话框中修改素材颜色。

5. 通用倒计时片头

通用倒计时片头可以帮助播放员确认音频和视频是否正常以及是否同步工作。单击"项目"面板底部的"新建项"按钮 ▣，在弹出的菜单中执行"通用倒计时片头"命令，打开"新建通用倒计时片头"对话框，如图2-30所示。在该对话框中设置参数后，单击"确定"按钮，打开"通用倒计时设置"对话框，如图2-31所示。在该对话框中设置参数后，单击"确定"按钮，即可创建通用倒计时片头。

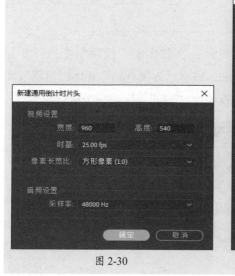

图 2-30

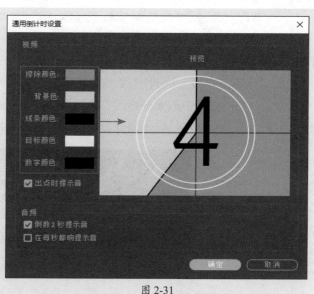

图 2-31

"通用倒计时设置"对话框中部分选项的作用如下。

- **擦除颜色**：用于设置擦除区域的颜色。
- **背景色**：用于设置背景区域的颜色。
- **线条颜色**：用于设置指示线的颜色，即水平和垂直线条的颜色。
- **目标颜色**：用于设置准星颜色，即数字周围的双圆形颜色。
- **数字颜色**：用于设置倒数数字的颜色。

2.4.4 导入素材——置入素材文件

除了新建素材外，Premiere还支持导入多种类型和格式的素材，常用的导入素材的方式有以下三种。

1. "导入"命令

执行"文件"|"导入"命令或按Ctrl+I组合键，打开"导入"对话框，如图2-32所示。在该对话框中选中要导入的素材，单击"打开"按钮，即可将选中的素材导入"项目"面板中。

图 2-32

操作提示

在"项目"面板空白处双击鼠标左键，同样可以打开"导入"对话框以导入素材。

2. "媒体浏览器"面板

在"媒体浏览器"面板中找到素材文件，右击鼠标，在弹出的快捷菜单中执行"导入"命令，即可将选中的素材导入"项目"面板中。图2-33所示为展开的"媒体浏览器"面板。用户也可以直接将"媒体浏览器"面板中的素材拖曳至"时间轴"面板中进行应用。

图 2-33

3. 直接拖入

除了以上方法外，用户还可以直接将文件夹中的素材拖曳至"项目"面板或"时间轴"面板中。

2.4.5 管理素材——归纳整理素材文件

进行影视编辑时，会用到大量素材，用户可以通过菜单命令对素材进行整理归纳，以便更好地查找与应用。

1. 重命名素材

重命名素材后，可以使素材整洁规范，便于识别。用户可以重命名"项目"面板中的素材，也可以重命名"时间轴"面板中的素材。

1）在"项目"面板中重命名素材

选中"项目"面板中要重新命名的素材，执行"剪辑"|"重命名"命令或单击素材名称进入编辑状态，输入新的名称即可，如图2-34、图2-35所示。选中素材后按Enter键，同样可以进入素材名称编辑状态。

图 2-34   图 2-35

操作提示

将素材添加至"时间轴"面板后，在"项目"面板中修改素材名称，"时间轴"面板中的素材名称不随之变化。

2）在"时间轴"面板中重命名素材

若素材文件已经添加至"时间轴"面板，可以选中素材后执行"剪辑"|"重命名"命令或右击鼠标，在弹出的快捷菜单中执行"重命名"命令，打开"重命名剪辑"对话框，设置剪辑名称进行重命名。图2-36所示为重命名前后的效果。

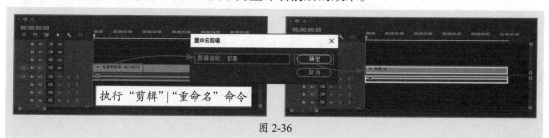

图 2-36

2. 素材箱

素材箱类似于文件夹，可以将素材文件归类。单击"项目"面板下方工具栏中的"新建素材箱"按钮 ，即可在"项目"面板中新建素材箱，如图2-37所示。将"项目"面板中的素材拖曳至素材箱中，即可将其收纳至素材箱。

图 2-37

3. 替换素材

使用"替换素材"命令可以在保留效果的前提下将素材替换掉。选择"项目"面板中要替换的素材对象，右击鼠标，在弹出的快捷菜单中执行"替换素材"命令，打开"替换素材"对话框，选择新的素材文件后单击"确定"按钮，即可替换素材。图2-38所示为替换素材前后的效果。

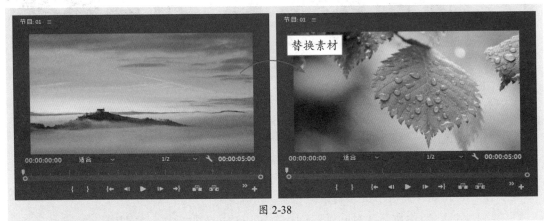

图 2-38

4. 失效和启用素材

影视编辑中如果用到大量素材，往往会造成软件处理时的卡顿，用户可以通过使素材失效的方法缓解这种卡顿，提升Premiere软件的操作和预览速度。

在"时间轴"面板中选中素材文件，右击鼠标，在弹出的快捷菜单中执行"启用"命令，即可使素材失效，此时该素材在"节目"监视器面板中消失，"时间轴"面板中的该素材变为深紫色，如图2-39所示；若想启用失效素材，使用相同的操作，执行"启用"命令，即可重新显示素材画面。

图 2-39

5. 编组素材

编组素材是指将多个素材组合成一个整体,以便对多个素材执行相同的操作。选中"时间轴"面板中要编组的素材文件,右击鼠标,在弹出的快捷菜单中执行"编组"命令,即可将素材文件编组,编组后的文件可以同时选中、移动、添加效果等。选中编组素材后右击鼠标,在弹出的快捷菜单中执行"取消编组"命令可以取消素材编组。取消素材编组不会影响素材已添加的效果。

操作提示

> 为编组素材添加视频效果后,若想设置单个素材效果,可以按住Alt键在"时间轴"面板中选中单个素材,再在"效果控件"面板中进行设置。

6. 嵌套素材

嵌套素材是指将多个素材或单个素材合成为一个序列,以对其进行操作。值得注意的是,该操作不可逆。在"时间轴"面板中选中要嵌套的素材文件,右击鼠标,在弹出的快捷菜单中执行"嵌套"命令,打开"嵌套序列名称"对话框,设置名称后单击"确定"按钮,即可嵌套素材。图2-40所示为嵌套序列的过程。

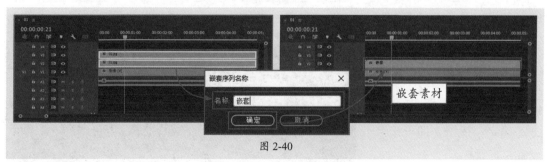

图 2-40

操作提示

> 双击"时间轴"面板中的嵌套素材,可进入嵌套序列进行编辑。

7. 链接媒体

使用"链接媒体"命令可以重新链接项目文件中丢失的素材,使其恢复正常显示。在"项目"面板中选中脱机素材,右击鼠标,在弹出的快捷菜单中执行"链接媒体"命令,打开"链接媒体"对话框,在其中单击"查找"按钮,打开"查找文件"对话框,选中要链接的素材对象,单击"确定"按钮即可重新链接媒体素材。图2-41所示为链接媒体的过程。

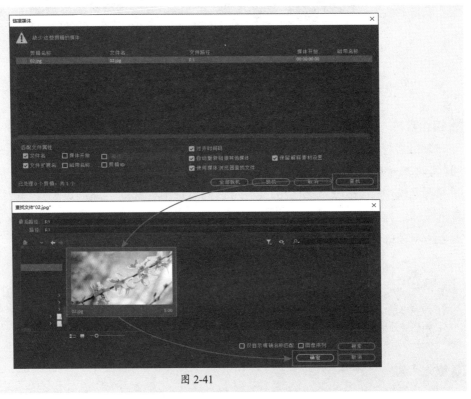

图 2-41

8. 打包素材

打包素材是指将当前项目中所用的素材打包存储,既可方便文件的传输,还可避免文件移动后发生素材缺失等问题。执行"文件"|"项目管理"命令,打开"项目管理器"对话框,如图2-42所示。在该对话框中设置打包内容、目标路径等内容后单击"确定"按钮,即可按照设置打包素材。

"项目管理器"对话框中部分选项的作用如下。

● **序列:** 用于选择要打包素材的序列。若选择的序列包含嵌套序列,需要同时选中嵌套序列。

图 2-42

- **收集文件并复制到新位置**：可将用于所选序列的素材收集和复制到新的存储位置。
- **整合并转码**：可以整合在所选序列中使用的素材并转码到单个编解码器以供存档。
- **排除未使用剪辑**：可以将不包含或复制未在原始项目中使用的媒体。
- **将图像序列转换为剪辑**：可以将静止图像文件的序列转换为单个视频剪辑。该选项通常可提高播放性能。
- **重命名媒体文件以匹配剪辑名**：可以使用所捕捉剪辑的名称来重命名复制的素材文件。
- **将After Effects合成转换为剪辑**：可以将项目中的所有After Effects合成转换为拼合视频剪辑。
- **目标路径**：用于设置保存文件的位置。
- **磁盘空间**：用于显示当前项目文件大小和复制文件或整合文件估计大小之间的对比。单击"计算"按钮可更新估算值。

课堂实战 制作拍照定格效果

本章课堂实战练习制作拍照定格效果，目的是综合运用本章的知识点，以熟练掌握和巩固导入及编辑素材的操作方法。下面介绍具体的操作思路。

步骤 01 打开Premiere软件，执行"文件"|"新建"|"项目"命令，新建项目。执行"文件"|"新建"|"序列"命令，打开"新建序列"对话框，切换至"设置"选项卡，自定义序列参数，如图2-43所示。设置完成后单击"确定"按钮，新建序列。

图 2-43

步骤 02 按Ctrl+I组合键，打开"导入"对话框，导入本章素材文件，如图2-44所示。

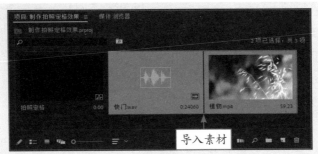

图 2-44

步骤 03 选中"项目"面板中的视频素材，将其拖曳至"时间轴"面板的V1轨道中，如图2-45所示。

图 2-45

步骤 04 移动播放指示器至00:00:05:00处，按C键切换至剃刀工具，在播放指示器处单击裁切素材，并删除右半部分，如图2-46所示。

图 2-46

步骤 05 移动播放指示器至00:00:04:00处，右击鼠标，在弹出的快捷菜单中执行"添加帧定格"命令添加帧定格。选中定格素材，按住Alt键向上拖动至V2轨道中，如图2-47所示。

图 2-47

步骤 06 在"效果"面板中搜索"白场过渡"视频过渡效果，将其拖曳至V1轨道中两段素材之间，并在"效果控件"面板中设置其持续时间为20帧，如图2-48所示。

图 2-48

步骤 07 切换到"基本图形"面板中的"编辑"选项卡，单击"新建图层"按钮■，在弹出的菜单中执行"矩形"命令，"节目"监视器面板中将出现矩形图形。在"节目"监视器面板中调整矩形尺寸，并在"基本图形"面板中设置填充与描边，制作照片边缘效果，如图2-49所示。

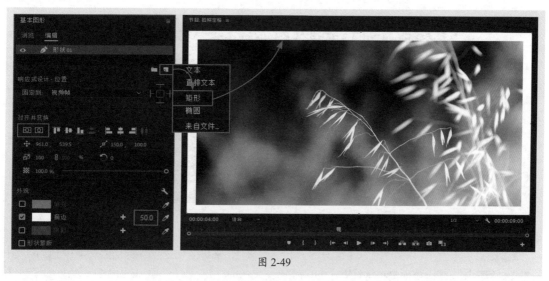

图 2-49

步骤 08 此时，"时间轴"面板V3轨道中将出现图形素材，调整其持续时间与V2中素材一致，如图2-50所示。

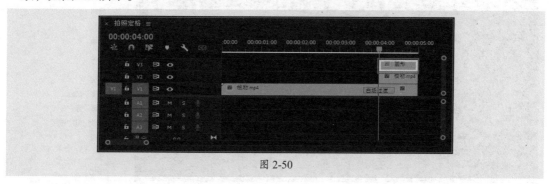

图 2-50

步骤 09 选中V2轨道和V3轨道中的素材,右击鼠标,在弹出的快捷菜单中执行"嵌套"命令,设置嵌套序列名称为"照片",单击"确定"按钮嵌套素材,如图2-51所示。

图 2-51

步骤 10 选中嵌套素材,移动播放指示器至00:00:04:00处,在"效果控件"面板中单击"缩放"属性和"旋转"属性前的"切换动画"按钮,插入关键帧。移动播放指示器至00:00:04:12处,调整"缩放"属性和"旋转"属性参数,软件将自动添加关键帧,如图2-52所示。

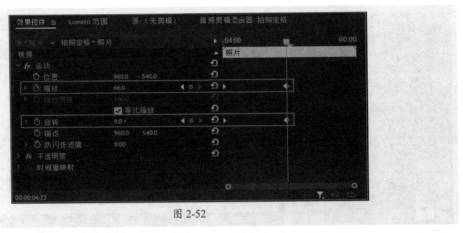

图 2-52

步骤 11 选中"效果控件"面板中的关键帧,右击鼠标,在弹出的快捷菜单中执行"缓入"和"缓出"命令,如图2-53所示。

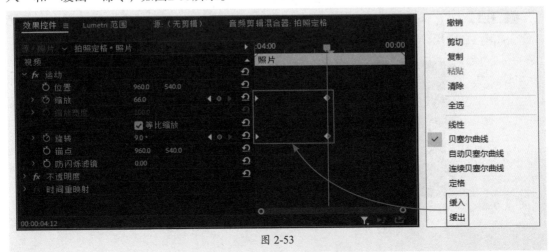

图 2-53

步骤12 在"效果"面板中搜索"高斯模糊"视频效果,将其拖曳至V1轨道中的第2段素材上,在"效果控件"面板中设置"高斯模糊"参数,制作背景模糊效果,如图2-54所示。

图 2-54

步骤13 在"项目"面板中选中音频素材文件,将其拖曳至"时间轴"面板的A1轨道中,如图2-55所示。

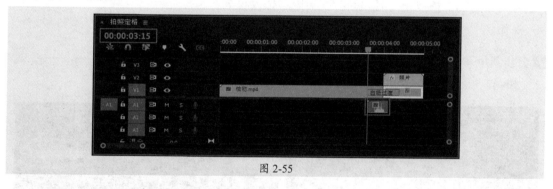

图 2-55

步骤14 至此,完成拍照定格效果的制作。在"节目"监视器面板中预览效果如图2-56所示。

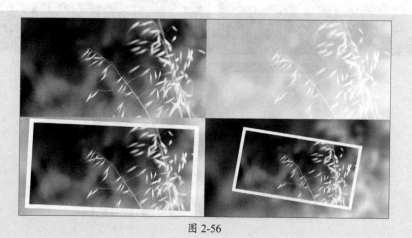

图 2-56

课后练习 制作照片切换效果

下面将综合运用本章所学知识制作照片切换效果，如图2-57所示。

图 2-57

1. 技术要点

- 根据素材新建项目和序列，导入素材文件；
- 将素材文件拖曳至"时间轴"面板中，依次排列；
- 添加"急摇"视频过渡效果。

2. 分步演示

如图2-58所示。

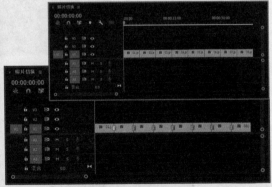

图 2-58

《中华女儿》

　　《中华女儿》是由凌子风、翟强执导的一部战争电影，由张铮、岳慎等主演，于1949年12月10日至16日在亚洲妇女大会献映，1950年1月正式公映。该片讲述了"九·一八"事变后，东北沦陷，冷云、胡秀之等抗联女战士为抵抗侵略者献出宝贵生命的故事，如图2-59所示。

图 2-59

　　这部影片是新中国建立后拍摄的第一部抗日题材影片和第一部获国际奖的影片，曾获第五届卡罗维发利国际电影节自由斗争奖、"新进杯"中国反法西斯战争优秀影片奖等多个奖项。影片拍摄采用了纪实手法和原生态风格，全片实景拍摄，行云流水地描述了抗联女战士的英雄事迹，影片生活气息浓厚，淳朴自然，情节上动人心魄，具有较强的艺术感染力和视觉观赏性。

素材文件

第3章

影视编辑之素材剪辑

内容导读

本章将对剪辑素材的相关知识进行讲解，包括利用"源"监视器和"节目"监视器处理素材，利用常用编辑工具处理素材，利用时间轴中的命令处理素材等。了解这些内容，可以帮助读者掌握剪辑素材的方法，使影视编辑的操作更加得心应手。

思维导图

影视编辑之素材剪辑

- 在监视器中剪辑素材
- 在时间轴中剪辑素材

影视编辑常用工具

- 监视器面板——素材处理及效果预览
- 入出点——素材操作区段
- 标记——标记重点
- 插入和覆盖——应用素材
- 提升和提取——删除素材片段
- 帧定格——冻结帧
- 帧混合——流畅画面
- 复制素材——复制和粘贴素材
- 删除素材——删除素材文件
- 分离/链接音视频——调整音视频链接

- 选择工具和选择轨道工具——选择素材
- 剃刀工具——裁切素材
- 外滑工具和内滑工具——调整素材入出点
- 滚动编辑工具——调整相邻素材入出点
- 比率拉伸工具——调整素材持续时间

3.1 在监视器中剪辑素材

监视器是影视编辑过程中非常重要的面板。通过这种面板可以处理及预览视频效果，使其满足制作需要。

3.1.1 案例解析——应用素材

学习在监视器中剪辑素材之前，可以先看看以下案例，即使用监视器面板编辑处理素材并进行应用。

步骤 01 打开Premiere软件，执行"文件"|"新建"|"项目"命令，新建项目。执行"文件"|"新建"|"序列"命令，打开"新建序列"对话框，切换至"设置"选项卡，自定义序列参数，如图3-1所示。设置完成后单击"确定"按钮，新建序列。

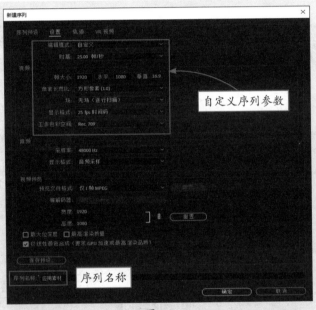

图 3-1

步骤 02 按Ctrl+I组合键，打开"导入"对话框，导入本章素材文件，如图3-2所示。

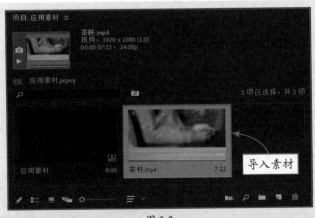

图 3-2

步骤 03 双击导入的素材，在"源"监视器面板中打开素材，按空格键预览播放效果，如图3-3所示。

图 3-3

步骤 04 根据素材片段内容，找到茶杯进入画面的前一帧，即00:00:00:23处，单击"标记入点"按钮 标记入点；找到手离开画面的后一帧，即00:00:04:00处，单击"标记出点"按钮标记出点，如图3-4所示。

图 3-4

步骤 05 单击"源"监视器面板中的"插入"按钮 ，将素材插入"时间轴"面板中，如图3-5所示。至此，完成素材的应用。

图 3-5

3.1.2 监视器面板——素材处理及效果预览

Premiere中有"源"和"节目"两个监视器面板。在"源"监视器中可预览"项目"面板中的源素材，并对其进行设置；在"节目"监视器中可播放"时间轴"面板中制作的视频效果，并最终输出视频进行效果预览。

1. "节目"监视器面板

"节目"监视器面板可显示"时间轴"面板中素材的画面效果，如图3-6所示。

图 3-6

"节目"监视器面板中部分选项的作用如下。

- **选择缩放级别** ：选择合适的缩放级别放大或缩小视图，以与监视器的可用查看区域匹配。选择"适合"选项时，无论窗口大小，影片显示的大小都将与窗口匹配，从而显示完整的影片内容。
- **设置** ：单击该按钮，可在弹出的菜单中执行命令，可设置"节目"监视器面板的显示及其他参数。
- **添加标记** ：单击该按钮，将在当前位置添加一个标记，以提供简单的视觉参考。用户也可以按M键快速添加标记。
- **标记入点** ：用于定义编辑素材的起始位置。
- **标记出点** ：用于定义编辑素材的结束位置。
- **转到入点** ：将播放指示器快速移动至入点。
- **后退一帧（左侧）** ：用于将播放指示器向左移动一帧。
- **播放–停止切换** ：设置播放或停止播放。
- **前进一帧（右侧）** ：用于将播放指示器向右移动一帧。
- **转到出点** ：将播放指示器快速移动至出点。
- **提升** ：单击该按钮，将删除目标轨道（蓝色高亮轨道）中出入点之间的素材片段，对左右的素材以及其他轨道上的素材不产生影响。

- **提取** ：单击该按钮，将删除位于出入点之间的所有轨道中的片段，并将右方素材左移。
- **导出帧** ：用于将当前帧导出为静态图像。单击该按钮，将打开"导出帧"对话框，在其中选择"导入到项目中"复选框，可将图像导入"项目"面板中。
- **按钮编辑器** ：单击该按钮，打开"按钮编辑器"，可以自定义"节目"监视器面板中的按钮。

2. "源"监视器面板

在"项目"面板中双击素材，即可在"源"监视器面板中打开该素材，如图3-7所示。

图 3-7

"源"监视器面板中的按钮与"节目"监视器面板基本一致，部分按钮的作用如下。

- **仅拖动视频** ：按住鼠标左键拖曳该按钮，可仅拖曳视频进行应用。
- **仅拖动音频** ：按住鼠标左键拖曳该按钮，可仅拖曳音频进行应用。
- **插入** ：单击该按钮，当前选中的素材将插入"时间轴"面板播放指示器处。
- **覆盖** ：单击该按钮，插入的素材将覆盖"时间轴"面板播放指示器右侧原有的素材。

3.1.3　入出点——素材操作区段

入点和出点定义了操作的区段。在"源"监视器面板中标记入点和出点，应用时可仅将入出点区段内的素材插入"时间轴"面板中；在"节目"监视器中标记入点和出点，可用于提升或提取素材片段。

3.1.4　标记——标记重点

标记可以指示素材中重要的时间点，以便对其进行操作。在监视器面板或"时间轴"面板中，移动播放指示器 至需要标记的位置，单击"添加标记"按钮 或按M键，即可在播放指示器处添加标记。图3-8所示为添加的标记。

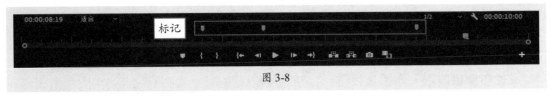

图 3-8

操作提示

当剪辑中存在多个标记时，在时间标尺上右击鼠标，在弹出的快捷菜单中执行"转到下一个标记"命令或"转到上一个标记"命令，播放指示器将自动跳转到对应的位置。

若想对标记进行编辑，可以双击标记按钮■或右击标记按钮■，在弹出的快捷菜单中执行"标记"命令，打开如图3-9所示的对话框。在该对话框中可以更改标记的名称、颜色、注释等信息。

在时间标尺上右击鼠标，在弹出的快捷菜单中执行"清除所选的标记"命令或"清除标记"命令，可删除相应的标记。

操作提示

选中"时间轴"面板中的素材后按M键，将在素材上添加标记；再次按M键，可打开"编辑标记"对话框进行设置。

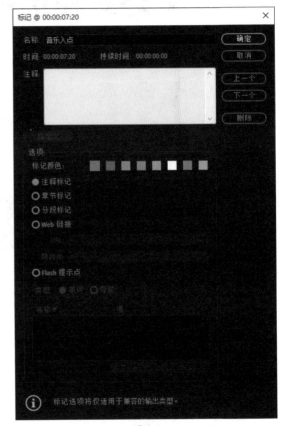

图 3-9

3.1.5 插入和覆盖——应用素材

插入和覆盖是作用于"源"监视器面板中素材的命令。这两个命令都可以将"源"监视器面板中的素材添加至"时间轴"面板中，二者区别在于，"插入"命令仅将素材插至播放指示器所在处，而"覆盖"命令将覆盖播放指示器右侧原有的素材。

在"时间轴"面板或"节目"监视器面板中移动播放指示器至合适位置，执行"剪辑"|"插入"命令或单击"源"监视器面板中的"插入"按钮■，"时间轴"面板中的原素材将断开，"源"监视器面板中的素材将插至原素材断开处，如图3-10所示。

图 3-10

使用相似的方法，执行"剪辑"|"覆盖"命令或单击"源"监视器面板中的"覆盖"按钮🖥，"时间轴"面板中的原素材将断开，"源"监视器面板中的素材将覆盖播放指示器右侧的素材，如图3-11所示。

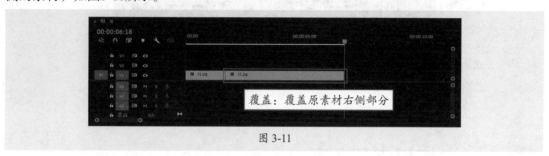

图 3-11

3.1.6　提升和提取——删除素材片段

使用"提升"和"提取"命令，可以删除"节目"监视器面板标记的入出点范围内的指定素材。

1. 提升

"提升"命令只会删除目标轨道入出点之间的素材片段，对其左右的素材及其他轨道中的素材不产生影响。在"节目"监视器面板中添加入点和出点，执行"序列"|"提升"命令或单击"节目"监视器面板中的"提升"按钮🖼，即可删除目标轨道入出点之间的素材片段，如图3-12所示。

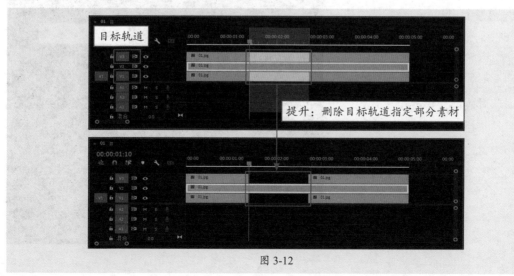

图 3-12

2. 提取

“提取”命令会删除入出点之间所有轨道中的素材片段，并左移右侧素材。在“节目”监视器面板中添加入点和出点，执行“序列”|“提取”命令或单击“节目”监视器面板中的“提取”按钮，即可删除入出点之间的素材片段并左移右侧素材，如图3-13所示。

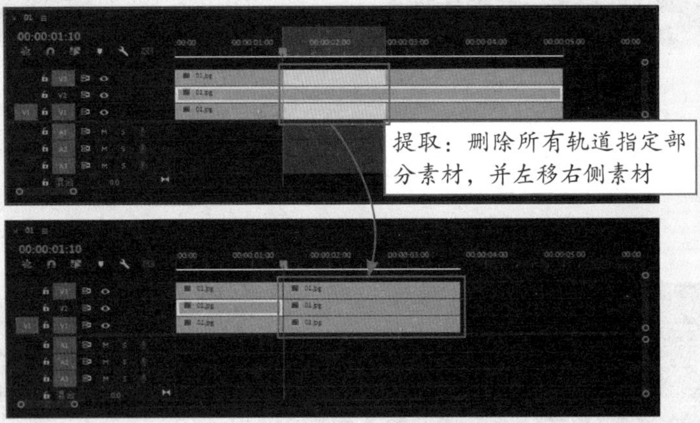

图 3-13

3.2 影视编辑常用工具

工具可以辅助剪辑影片，提高影视编辑的效率。不同的影视编辑软件中的工具各有不同，但功能大体上都与选择、裁切、比率拉伸等有关。本小节将对Premiere软件中的常用工具进行说明。

3.2.1 案例解析——慢镜头效果

在学习影视编辑常用工具之前，可以看看以下案例，即使用“比率拉伸工具”创建慢镜头效果。

步骤 01 打开Premiere软件，执行“文件”|“新建”|“项目”命令，新建项目。执行“文件”|“新建”|“序列”命令，打开“新建序列”对话框，切换至“设置”选项卡，自定义序列参数，如图3-14所示。设置完成后单击“确定”按钮，新建序列。

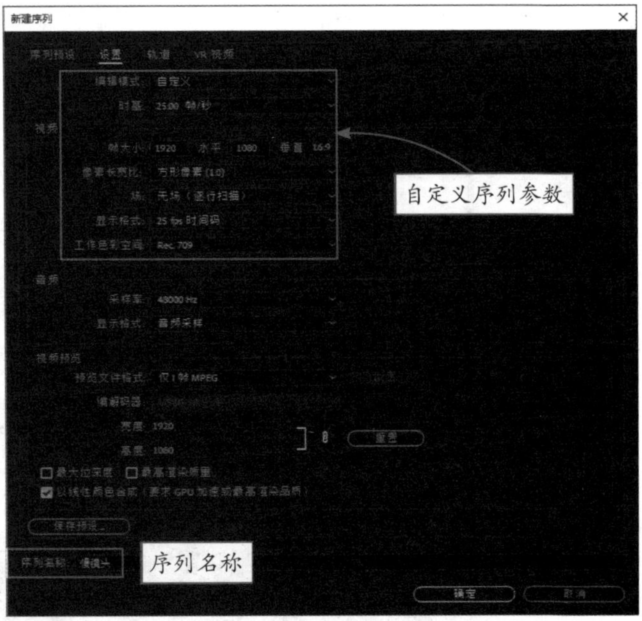

图 3-14

步骤 02 按Ctrl+I组合键，打开"导入"对话框，导入本章音视频素材文件，如图3-15所示。

图 3-15

步骤 03 双击视频素材，在"源"监视器面板中打开素材，并根据画面内容在00:00:02:23处标记入点，在00:00:34:09处标记出点，如图3-16所示。

图 3-16

步骤 04 移动光标至"源"监视器面板中的"仅拖动视频"按钮 ▤ 上，按住鼠标左键将其拖曳至"时间轴"面板的V1轨道中，如图3-17所示。

图 3-17

步骤 05 将"项目"面板中的音频素材拖曳至"时间轴"面板的A1轨道中，如图3-18所示。

图 3-18

步骤 06 使用"剃刀工具"在00:00:13:22处单击V1轨道素材，将其分割为两段。使用相同的方法在00:00:18:05处单击，将V1轨道右侧素材再次分割为两段，并使用"选择工具"将第三段素材右移，使其出点与A1轨道音频一致，如图3-19所示。

图 3-19

步骤 07 选择"比率拉伸工具"，移动鼠标指针至V1轨道第二段素材出点处，当鼠标指针呈状时，按住鼠标左键拖动，使其与第三段素材连接，如图3-20所示。

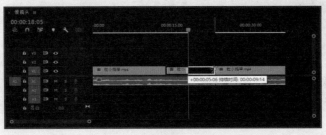

图 3-20

步骤 08 在"效果"面板中搜索"黑场过渡"视频过渡效果，将其分别拖曳至V1轨道第一段素材的入点处和第三段素材的出点处，添加视频过渡效果，如图3-21所示。

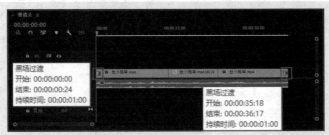

图 3-21

步骤 09 使用相同的方法，搜索"恒定功率"音频过渡效果并将其拖曳至A1轨道素材的入点和出点处，添加音频过渡效果，如图3-22所示。

图 3-22

至此，完成慢镜头效果的制作。

3.2.2 选择工具和选择轨道工具——选择素材

选择工具和选择轨道工具均可选择素材，二者的区别在于，选择轨道工具可一次性选择箭头方向上所有的素材。

1. 选择工具

"选择工具" ▶可以选择素材，从而对其进行调整。使用该工具在要选择的素材上单击，即可将其选中，如图3-23所示。按住Shift键单击素材，可以加选素材。若想选中多个连续素材，可在选择"选择工具" ▶后按住鼠标左键拖动框选。

图 3-23

操作提示

若想单独选择链接素材的视频或音频部分，可以按住Alt键单击。

2. 选择轨道工具

选择轨道工具分为"向左选择轨道工具" ▣和"向右选择轨道工具" ▣两种。该类型工具可选择箭头方向上的所有素材。选择"工具"面板中的"向左选择轨道工具" ▣，在"时间轴"面板中单击，即可选择单击处箭头方向一侧的所有素材，如图3-24所示。

图 3-24

3.2.3　剃刀工具——裁切素材

使用"剃刀工具" ◈ 可以分割素材片段，方便用户对素材片段进行甄选。选择"工具"面板中的"剃刀工具" ◈ 或按C键切换至剃刀工具，在"时间轴"面板中素材要裁切的地方单击，即可在该处将素材分割为两段。图3-25所示为素材分割后的效果。

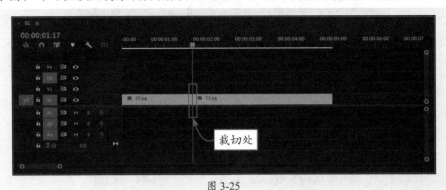

图 3-25

操作提示

按住Shift键使用"剃刀工具" ◈ 在素材上单击，可裁切当前位置所有轨道中的素材。

3.2.4　外滑工具和内滑工具——调整素材入出点

"外滑工具" ⬌ 可以同时更改"时间轴"面板中某个素材片段的入点和出点，而不改变其持续时间，也不影响相邻素材；而"内滑工具" ⬌ 可以在保持素材入出点不变的情况下左右移动素材，同时改变其前一相邻片段的出点和后一相邻片段的入点，保持总时长不变。

1. 外滑工具

选择"外滑工具" ⬌，移动鼠标指针至素材片段上，当鼠标指针呈 ⬌ 状时，按住鼠标左键拖动，即可更改该素材片段的入出点，如图3-26所示。

图 3-26

在"节目"监视器面板中可以查看前一片段的出点、后一片段的入点及画面帧数等信息，如图3-27所示。

图 3-27

操作提示

使用"外滑工具" [↤↦] 时，素材的入点前和出点后须有预留的余量供调节使用。

2. 内滑工具

选择"内滑工具" [↤↦]，移动鼠标指针至素材片段上，当鼠标指针呈 [↤↦] 状时，按住鼠标左键拖动，即可更改前一素材片段的出点和后一素材片段的入点，如图3-28所示。

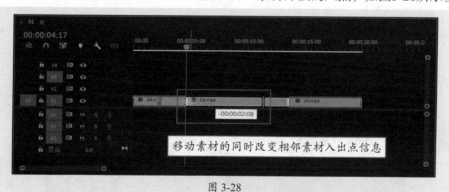

图 3-28

在"节目"监视器面板中可以查看前一片段的出点、后一片段的入点及调整素材的入出点等信息，如图3-29所示。

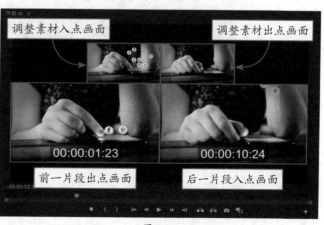

操作提示

使用"内滑工具" [↤↦] 时，前一素材片段的出点后和后一素材片段的入点前须有预留的余量供调节使用。

图 3-29

3.2.5 滚动编辑工具——调整相邻素材入出点

"滚动编辑工具" 🔁可更改两段相邻素材相接处的入出点信息，且不改变两段素材的总持续时间。选择"滚动编辑工具" 🔁，移动鼠标指针至相邻素材相接处，当鼠标指针变为 🔁状时按住鼠标左键拖曳调整即可，此时"节目"监视器面板中将显示前一片段出点画面和后一片段入点画面等信息，如图3-30所示。

图 3-30

使用"滚动编辑工具" 🔁在两个片段相邻处双击，"节目"监视器面板中将显示详细的设置选项，如图3-31所示。通过这些设置，可以更精准地调整相邻素材的入出点，但将更改素材的总持续时间。

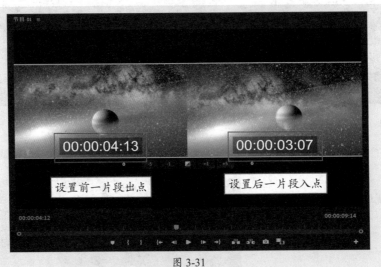

图 3-31

操作提示

"波纹编辑工具" 🔁同样可以作用于相邻素材片段，使用该工具可调整选中素材的入点或出点。调整后，相邻的素材会自动上前补位。

3.2.6 比率拉伸工具——调整素材持续时间

"比率拉伸工具" 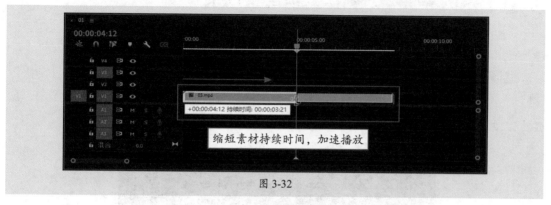 可以在保证素材出点和入点不变的前提下改变素材播放的速度和持续时间。选中"比率拉伸工具" ，移动鼠标指针至素材的入点或出点处，当鼠标指针呈 状时按住鼠标左键拖动，即可更改素材的持续时间。图3-32所示为缩短素材片段，加速播放的效果。

图 3-32

若想更加精准地调整素材持续时间，可以通过"剪辑速度/持续时间"对话框进行设置。选中"时间轴"面板中要调整的素材片段，右击鼠标，在弹出的快捷菜单中执行"速度/持续时间"命令或按Ctrl+R组合键，即可打开"剪辑速度/持续时间"对话框，如图3-33所示。该对话框中各选项的作用如下。

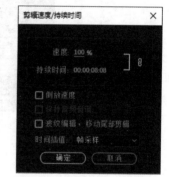

图 3-33

- **速度**：用于调整素材片段的播放速度。大于100%为加速播放，小于100%为减速播放。
- **持续时间**：用于设置素材片段的持续时间。持续时间越长，播放速度越慢。
- **倒放速度**：用于设置素材反向播放的速度。
- **保持音频音调**：当改变音频素材的持续时间时，选择该复选框可保证音频音调不变。
- **波纹编辑，移动尾部剪辑**：选择该复选框后，片段加速播放导致的缝隙处将被自动填补。
- **时间插值**：用于设置调整素材速度后填补空缺帧的方式，包括帧采样、帧混合和光流法三种选项。帧采样可根据需要重复或删除帧，以达到所需的速度；帧混合可根据需要重复并混合帧，以提升动作的流畅度；光流法是软件分析上下帧后运算生成新的帧，在效果上较为流畅美观。

3.3 在时间轴中剪辑素材

"时间轴"面板是编辑素材的主要面板之一，在该面板中可以通过命令编辑处理素材。本小节将对其中常用的一些命令进行说明。

3.3.1 案例解析——制作人物定格效果

学习在时间轴中剪辑素材之前，可以先看看以下案例，即使用"帧定格选项"命令创建人物定格效果。

步骤 01 打开Premiere软件，执行"文件"|"新建"|"项目"命令，新建项目。执行"文件"|"新建"|"序列"命令，打开"新建序列"对话框。切换至"设置"选项卡，自定义序列参数，如图3-34所示。设置完成后单击"确定"按钮，新建序列。

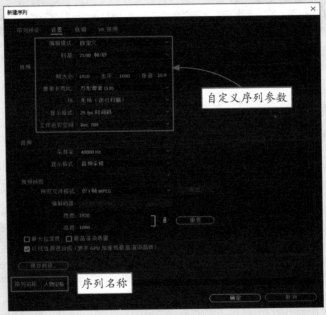

图 3-34

步骤 02 按Ctrl+I组合键，打开"导入"对话框，导入本章视频素材文件，如图3-35所示。

图 3-35

步骤 03 选择视频素材，将其拖曳至"时间轴"面板的V1轨道中，再按住Alt键向上拖曳复制至V2轨道中，如图3-36所示。

图 3-36

步骤 04 按空格键预览播放效果，找到精彩画面并移动播放指示器至该处。在V2轨道素材上右击鼠标，在弹出的快捷菜单中执行"帧定格选项"命令，打开"帧定格选项"对话框，保持默认设置后单击"确定"按钮，使整段视频定格，如图3-37所示。

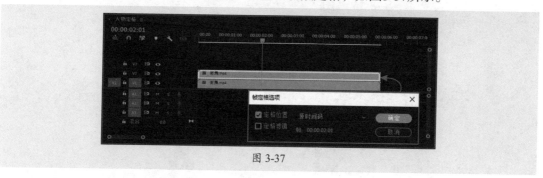

图 3-37

步骤 05 在"节目"监视器面板中单击"导出帧"按钮 ，导出帧并在Photoshop软件中抠取人物部分，如图3-38所示。

图 3-38

操作提示

也可以在Premiere软件中通过蒙版抠取人物，使用自己习惯的方式即可。

步骤 06 将抠取的图片保存为PNG格式，并导入Premiere软件的V3轨道中，调整其持续时间与帧定格时间一致并删除V2轨道素材，如图3-39所示。

图 3-39

步骤 07 在"节目"监视器面板中预览效果，如图3-40所示。

图 3-40

至此，完成人物定格效果的制作。

3.3.2 帧定格——冻结帧

帧定格是指将素材片段中的某帧静止。Premiere中包括三种常用的帧定格命令：帧定格选项、添加帧定格和插入帧定格分段。

1. "帧定格选项"命令

"帧定格选项"命令可以将整段视频以指定帧画面冻结。选中"时间轴"面板中要定格的素材，右击鼠标，在弹出的快捷菜单中执行"帧定格选项"命令，打开"帧定格选项"对话框即可设置指定帧，如图3-41所示。

其中，"定格位置"复选框及下拉列表可以设置要定格的帧；"定格滤镜"复选框可以防止关键帧效果设置在剪辑持续时间内动画化，效果设置会使用位于定格帧的值。

图 3-41

2. **"添加帧定格"命令**

"添加帧定格"命令可以冻结当前帧,该帧之后的素材均以静帧的方式显示。选中要添加帧定格的素材片段,移动播放指示器至要冻结的画面处,右击鼠标,在弹出的快捷菜单中执行"添加帧定格"命令,即可将该帧及之后的内容定格。

3. **"插入帧定格分段"命令**

"插入帧定格分段"命令可在播放指示器所在处拆分素材,并将当前帧定格插入,其持续时间为两秒。在"时间轴"面板中选中素材,右击鼠标,在弹出的快捷菜单中执行"插入帧定格分段"命令即可,如图3-42所示。

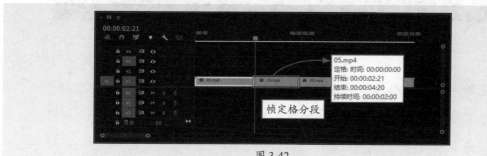

图 3-42

3.3.3 帧混合——流畅画面

当素材帧速率与序列帧速率不同时,为了匹配序列帧速率,一般会通过帧混合的方法混合素材上下帧,生成新帧填补空缺,从而使视频更加流畅。在"时间轴"面板中选中要添加帧混合的素材,右击鼠标,在弹出的快捷菜单中执行"时间插值"|"帧混合"命令即可。

3.3.4 复制素材——复制和粘贴素材

通过复制、粘贴操作可以快速应用相同的素材,提高工作效率。选中要复制的素材,按Ctrl+C组合键进行复制;移动播放指示器至要粘贴的位置,按Ctrl+V组合键进行粘贴。复制的素材将被粘贴在播放指示器右侧,同时播放指示器右侧的原素材将被覆盖,如图3-43所示。

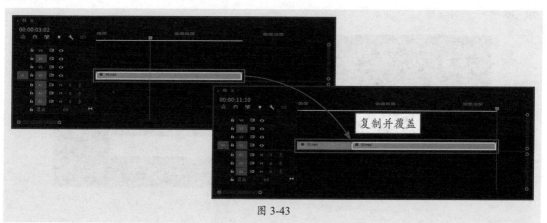

图 3-43

若复制素材后按Ctrl+Shift+V组合键进行粘贴，播放指示器所在处的素材将被剪切为两段，同时粘贴素材将被插入两段素材之间，如图3-44所示。

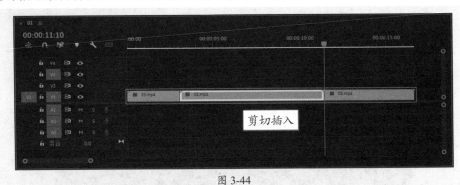

图 3-44

3.3.5　删除素材——删除素材文件

使用"清除"命令和"波纹删除"命令均可删除"时间轴"面板中的素材文件。

1. "清除"命令

选中要删除的素材文件，执行"编辑" | "清除"命令或按Delete键，即可删除素材，此时轨道中将留下该素材的空位，如图3-45所示。

图 3-45

2. "波纹删除"命令

选中要删除的素材文件，执行"编辑" | "波纹删除"命令或按Shift+Delete组合键，即可删除素材并自动前移后一段素材，如图3-46所示。

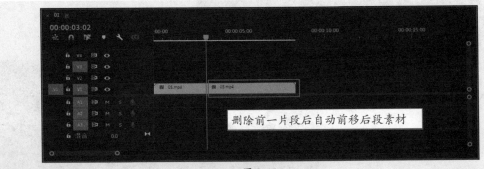

图 3-46

3.3.6 分离/链接音视频——调整音视频链接

应用视频素材时，可以通过"取消链接"命令取消音视频素材的链接，以便单独操作。选中要分离的音视频素材，右击鼠标，在弹出的快捷菜单中执行"取消链接"命令即可分离素材；选中要链接的音视频素材，右击鼠标，在弹出的快捷菜单中执行"链接"命令即可链接选中的素材。

课堂实战 | 制作出场效果

本章课堂实战练习制作出场效果，目的是综合运用本章的知识点，以熟练掌握素材剪辑的操作技巧。下面将进行操作思路的介绍。

步骤 01 打开Premiere软件，新建项目和序列。按Ctrl+I组合键，打开"导入"对话框，导入本章音视频素材文件，如图3-47所示。

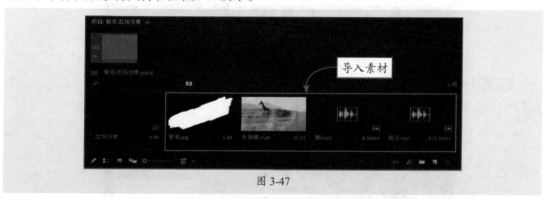

图 3-47

步骤 02 双击视频素材，在"源"监视器面板中播放预览效果，并在00:00:06:24处标记出点，如图3-48所示。

图 3-48

步骤 03 将"源"监视器面板中的视频拖曳至"时间轴"面板的V1轨道中，移动播放指示器至00:00:03:10处，右击鼠标，在弹出的快捷菜单中执行"添加帧定格"命令定格帧。单击"节目"监视器面板中的"导出帧"按钮 ，导出帧并在Photoshop软件中抠取主体部分，如图3-49所示。

在Photoshop软件中抠取主体部分

图 3-49

步骤 04 将抠取的图片保存为PNG格式，并导入Premiere软件V4轨道中，调整其持续时间与V1轨道第2段素材一致，如图3-50所示。

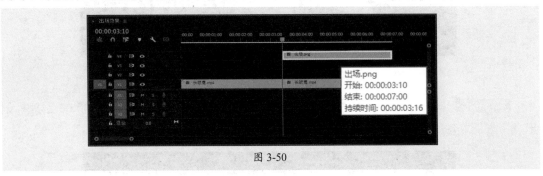

出场.png
开始: 00:00:03:10
结束: 00:00:07:00
持续时间: 00:00:03:16

图 3-50

步骤 05 在"效果"面板中搜索"黑白"视频效果，将其拖曳至V1轨道第2段素材上，"节目"监视器面板中V1轨道素材将变为黑白色。搜索"高斯模糊"视频效果，将其拖曳至V1轨道第2段素材上，在"效果控件"面板中设置"模糊度"参数为50，并选中"重复边缘像素"复选框，制作模糊效果，此时"节目"监视器面板中的画面如图3-51所示。

设置黑白及模糊效果

图 3-51

步骤 06 选中V4轨道素材，右击鼠标，执行"嵌套"命令，将其嵌套为长颈鹿。在"效果"面板中搜索"径向阴影"视频效果，将其拖曳至V4轨道嵌套素材上，在"效果控件"面板中设置"阴影颜色""不透明度""光源"及"投影距离"参数，制作描边效果，如图3-52所示。

图 3-52

步骤 07 移动播放指示器至00:00:03:10处，选中V4轨道素材，在"效果控件"面板中单击"位置"和"缩放"参数左侧的"切换动画"按钮 ，添加关键帧；移动播放指示器至00:00:04:00处，更改"位置"和"缩放"参数，软件将自动添加关键帧，如图3-53所示。选中添加的关键帧，右击鼠标，执行"临时插值"|"缓入"和"临时插值"|"缓出"命令，使画面变化更加平滑。

图 3-53

步骤 08 将"背景.png"素材拖曳至"时间轴"面板的V2轨道上，调整其持续时间与V4轨道素材一致。在"效果"面板中搜索"更改为颜色"视频效果，将其拖曳至V2轨道素材上，在"效果控件"面板中设置颜色等参数，效果如图3-54所示。

图 3-54

步骤 09 在"效果"面板中搜索Push视频过渡效果,将其拖曳至V2轨道素材入点处添加视频过渡效果,在"效果控件"面板中调整其持续时间为15帧,效果如图3-55所示。

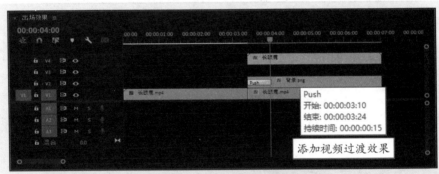

图 3-55

步骤 10 在"基本图形"面板的"编辑"选项卡中单击"新建图层"按钮,在弹出的列表中选择"文本"选项新建文本图层,在"时间轴"面板中将文本图层调整至V3轨道中,设置其入点为00:00:04:00,并设置出点与其他轨道素材一致,如图3-56所示。

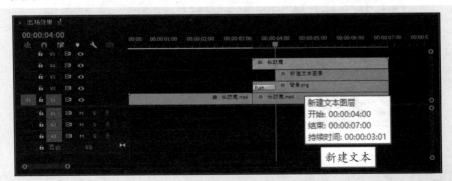

图 3-56

步骤 11 使用"选择工具"在"节目"监视器面板中的文字上双击,进入编辑模式,修改文字内容。在"基本图形"面板中设置文字颜色、字体、大小等参数，在"节目"监视器面板中旋转文字，效果如图3-57所示。

图 3-57

步骤 12 在"效果"面板中搜索Push视频过渡效果，将其拖曳至V3轨道素材入点处，添加视频过渡效果。在"效果控件"面板中调整其持续时间为15帧，效果如图3-58所示。

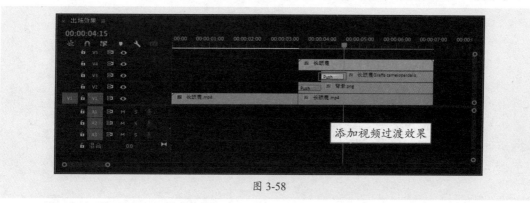

图 3-58

步骤 13 将"配乐.mp3"素材拖曳至A1轨道中，使用"剃刀工具"在00:00:03:10处和00:00:07:01处单击裁切素材，并删除00:00:07:01后的素材，如图3-59所示。

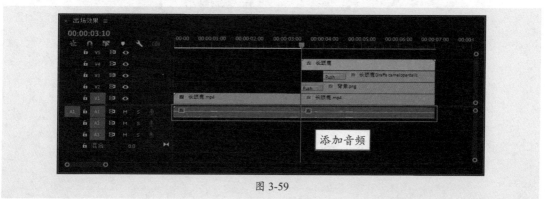

图 3-59

步骤 14 选中A1轨道中的第1段素材，在"效果控件"面板中设置"音量"效果中的"级别"参数为-10dB，降低音量，如图3-60所示。

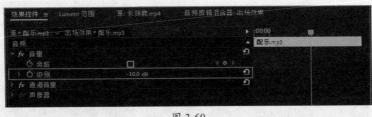

图 3-60

步骤 15 使用相同的方法设置第2段素材音量的"级别"为-15dB，如图3-61所示。

图 3-61

步骤 16 将"唰.mp3"素材拖曳至A2轨道中的合适位置，并设置其音量"级别"为-10dB，如图3-62所示。

图 3-62

步骤 17 至此，完成出场效果的制作。在"节目"监视器面板中预览效果，如图3-63所示。

图 3-63

课后练习 制作闪屏效果

下面将综合运用本章学习的知识制作闪屏效果，如图3-64所示。

图 3-64

1. 技术要点

- 根据素材新建项目和序列，导入素材文件；
- 在"源"监视器面板中选取合适的素材并添加至"时间轴"面板中；
- 使用"剃刀工具"裁切素材，制作闪屏效果；
- 添加音频及过渡效果。

2. 分步演示

如图3-65所示。

图 3-65

《英雄儿女》

　　《英雄儿女》是1964年由长春电影制片厂制作并出品的一部战争片，由武兆堤执导，刘世龙、刘尚娴、田方等主演。影片改编自巴金小说《团圆》，讲述了抗美援朝时期，志愿军战士王成阵亡后，他的妹妹王芳在政委王文清的帮助下坚持战斗，最终和养父王复标、亲生父亲王文清在朝鲜战场上团圆的故事，如图3-66所示。

　　这部影片是国产战争片的巅峰之作，通过展现战争的残酷和英雄的壮举，表达了中国人民志愿军的英勇和牺牲精神，如图3-67所示为该片剧照。

　　在表现战斗场面时，影片通过运用特效和音效等手法，营造出了真实的战争氛围，结合交响乐和民族音乐等音乐的使用，使观众更加深入地沉浸在影片庄重感人的氛围中。

图 3-66

5. 军党委决定大力宣传英雄王成的事迹，王芳在"庆功大会"上演唱了王成的英雄业绩，有力地鼓舞了广大指战员，受到了热烈的欢迎。

《英雄儿女》

图 3-67

素材文件

第4章

影视编辑之字幕设计

内容导读

　文本是影片中非常重要的组成部分，它可以推进情节发展，揭示影片内容，同时可以使观众沉浸在影片内容中。本章将对Premiere中字幕的创建及编辑进行讲解，包括用"文字工具"创建文本，用"基本图形"面板创建文本及图形，用"效果控件"面板调整文本参数等。

思维导图

```
                              影视编辑之字幕设计
                                     │
                                     ├──── 创建文本 ──┬── 文字工具——创建文本
                                     │                │
"效果控件"面板——调整文本参数 ──┐        │                └── "基本图形"面板——创建文本及图形
                              ├── 编辑和
"基本图形"面板——调整文本参数 ──┘   调整文本
```

4.1　创建文本

　　文本是影视编辑中不可或缺的部分，在影片中一般起到说明、注释、美化等作用。同时通过文本还可以点明影片主题，帮助观众理解影片内容。

4.1.1　案例解析——打字效果制作

　　在学习创建文本之前，可以先看看以下案例，即使用文字工具创建文字，通过关键帧制作动画效果。

　　步骤 01 打开Premiere软件，新建项目和序列。按Ctrl+I组合键，打开"导入"对话框，导入本章音视频素材文件，如图4-1所示。

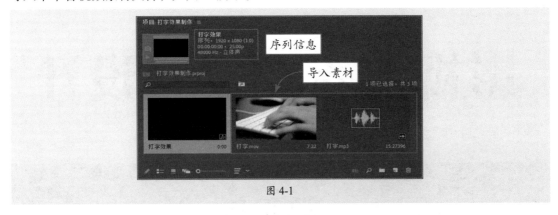

图 4-1

　　步骤 02 选中视频素材，将其拖曳至"时间轴"面板的V1轨道中，如图4-2所示。

图 4-2

　　步骤 03 移动播放指示器至00:00:00:00处，使用"文字工具" T 在"节目"监视器面板中输入文字，如图4-3所示。

图 4-3

步骤 04 选中输入的文字，在"效果控件"面板中设置字体、大小等参数，设置完成后的效果如图4-4所示。

图 4-4

步骤 05 移动播放指示器至00:00:00:00处，单击"源文本"参数左侧的"切换动画"按钮 ⏱ 添加关键帧，并删除文本框中的文字内容；按Shift+→组合键，将播放指示器右移5帧，重复一次快捷键操作，在文本框中输入第一个文字，软件将自动添加关键帧，如图4-5所示。

图 4-5

操作提示

用户也可以先添加关键帧，再根据关键帧内容依次删除文字。

步骤 06 使用相同的方法，右移10帧，输入第二个文字，如图4-6所示。

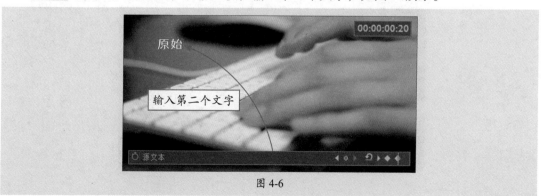

图 4-6

步骤 07 使用相同的方法，继续每隔10帧输入一个文字，制作文字逐个出现的效果。图4-7所示为完成后的效果。

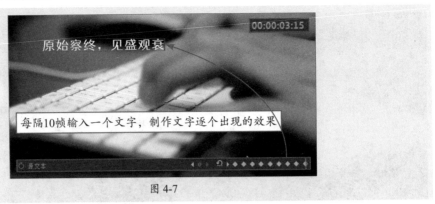

图 4-7

步骤 08 取消选择所有轨道中的素材，移动播放指示器至00:00:00:00处，在"基本图形"面板的"编辑"选项卡中单击"新建图层"按钮，在弹出的菜单中执行"矩形"命令，新建矩形图形。使用"选择工具"在"节目"监视器面板中调整其大小和位置（文本左侧），在"基本图形"面板中设置其"填充"为白色，效果如图4-8所示。

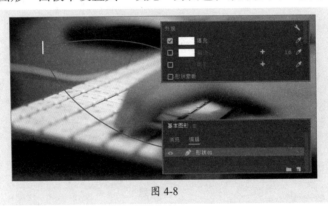

图 4-8

步骤 09 移动播放指示器至00:00:00:00处，选中"时间轴"面板中的矩形素材，单击"效果控件"面板"位置"参数左侧的"切换动画"按钮，添加关键帧；按Shift+→组合键将播放指示器右移5帧，重复一次快捷键操作，在文本框中输入第一个文字，软件将自动添加关键帧，如图4-9所示。

图 4-9

步骤 10 使用相同的方法，每隔10帧调整一次矩形位置，使其位于出现的文字之后，如图4-10所示。

图 4-10

步骤 11 选中所有关键帧，右击鼠标，在弹出的快捷菜单中执行"临时插值"|"定格"命令，将关键帧定格，如图4-11所示。

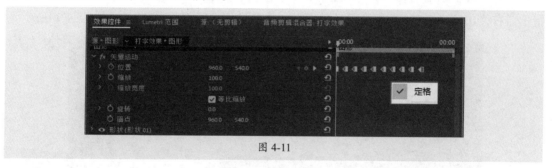

图 4-11

步骤 12 移动播放指示器至00:00:00:00处，选中"时间轴"面板中的矩形素材，单击"效果控件"面板"不透明度"参数左侧的"切换动画"按钮 ，添加关键帧；按Shift+→组合键将播放指示器右移5帧，修改"不透明度"参数为0%，软件将自动添加关键帧，如图4-12所示。

图 4-12

步骤 13 再次按Shift+→组合键，将播放指示器右移5帧，修改"不透明度"参数为100%，软件将自动添加关键帧，如图4-13所示。

图 4-13

步骤 14 选中第二个和第三个不透明度关键帧，按Ctrl+C组合键复制素材；按Shift+→组合键，将播放指示器右移5帧，按Ctrl+V组合键粘贴素材；按Shift+→组合键两次，将播放指示器右移10帧，按Ctrl+V组合键粘贴素材。重复操作，复制关键帧，效果如图4-14所示。

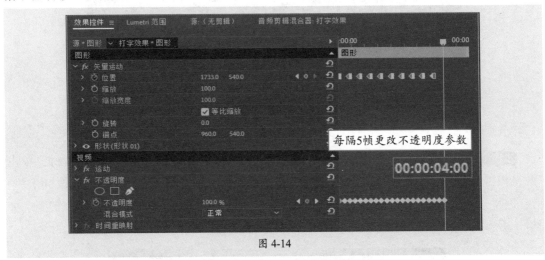

图 4-14

步骤 15 将音频素材拖曳至"时间轴"面板的A1轨道中，移动播放指示器至00:00:04:05处，按住Shift键，使用剃刀工具剪切所有轨道素材，并删除右侧内容，如图4-15所示。

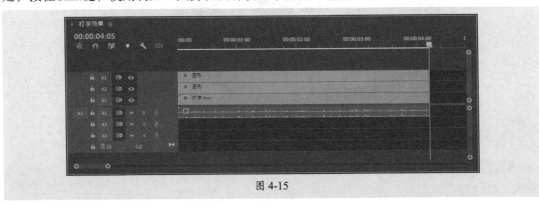

图 4-15

步骤 16 至此，完成打字效果的制作。在"节目"监视器面板中按空格键预览效果，如图4-16所示。

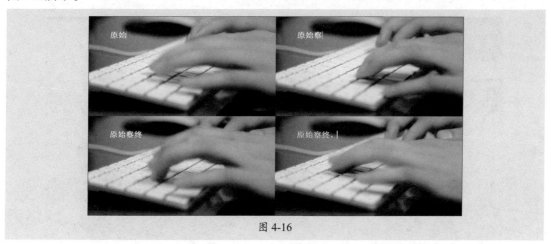

图 4-16

4.1.2 文字工具——创建文本

"工具"面板中的"文字工具" **T** 和"垂直文字工具" **IT** 可直接用于创建文本。选择"文字工具" **T** 或"垂直文字工具" **IT** ，在"节目"监视器面板中单击输入文字即可。图4-17所示为使用"垂直文字工具" **IT** 创建的文字。

图 4-17

此时，"时间轴"面板中将自动出现持续时间为5秒的文字素材，如图4-18所示。

图 4-18

创建文本后，可以使用"选择工具" ▶ 在"节目"监视器面板中选择并移动文字位置，还可以缩放或旋转文字，如图4-19所示。

选择并调整文字

图 4-19

选择"文字工具"后，在"节目"监视器面板中拖曳绘制文本框，可以创建区域文字。通过调整区域文本框的大小可以调整文字的可见内容，而不影响文字的大小。

4.1.3 "基本图形"面板——创建文本及图形

"基本图形"面板支持创建文本、图形等内容。执行"窗口"|"基本图形"命令，打开"基本图形"面板，切换到"编辑"选项卡，单击"新建图层"按钮，在弹出的菜单中执行"文本"命令或按Ctrl+T组合键，"节目"监视器面板中将出现默认的文字。双击文字，进入编辑模式，可对其内容进行更改，如图4-20所示。

用"基本图形"面板创建文字

橄榄球

图 4-20

创建文本后，"时间轴"面板中也将出现相应的文字素材，如图4-21所示。

图 4-21

选中文字素材，使用"文字工具"在"节目"监视器面板中输入文字，新输入的文字将和原文字在同一素材中，此时"基本图形"面板中将新增一个文字图层，用户可以分别对不同的文字图层进行操作，如图4-22所示。

图 4-22

除了新建文本外，用户还可以选择"基本图形"面板"浏览"选项卡中预设的模板，如图4-23所示。将模板拖曳至"时间轴"面板中的轨道中，即可应用该模板。

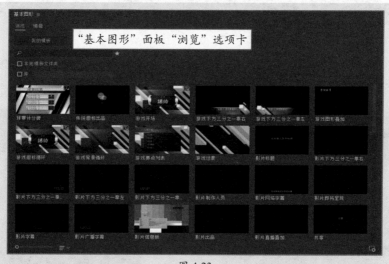

图 4-23

操作提示

选中添加的模板后，可以在"效果控件"面板或"基本图形"面板的"编辑"选项卡中对其进行设置。

操作提示

除了"文字工具"和"基本图形"面板外，用户还可以通过执行"文件"|"新建"|"旧版标题"命令打开"旧版标题设计器"面板，新建文本。要注意的是，这一功能已被"基本图形"面板取代。

4.2 编辑和调整文本

在创建文本后，可以对其进行编辑美化，使其具有更佳的视觉效果。本小节将介绍影视编辑中文本的调整与编辑技巧。

4.2.1 案例解析——综艺花字制作

本小节学习如何制作综艺花字，方法是使用文字工具创建文本，然后通过"效果控件"面板调整文本，最后添加关键帧制作动画效果。

步骤01 打开Premiere软件，新建项目和序列。按Ctrl+I组合键，打开"导入"对话框，导入本章音视频素材文件，如图4-24所示。

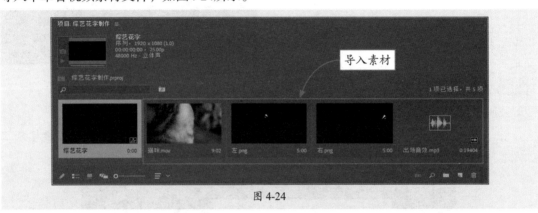

图 4-24

步骤02 双击视频素材，在"源"监视器面板中预览其效果，并在00:00:59:24处标记出点，如图4-25所示。

图 4-25

步骤03 将"源"监视器面板中的视频拖曳至"时间轴"面板的V1轨道中，移动播放指示器至00:00:01:00处。选择"文字工具",在"节目"监视器面板中输入文本,在"效果控件"面板中设置字体、颜色、阴影等参数,效果如图4-26所示。

图 4-26

步骤 04 将"左.png"素材拖曳至V3轨道中,将"右.png"素材拖曳至V4轨道中,调整V2、V3、V4轨道素材出点与V1轨道素材出点一致,如图4-27所示。

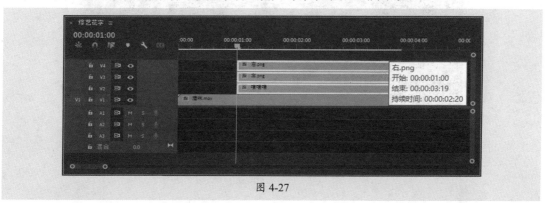
图 4-27

步骤 05 选中V2、V3、V4轨道素材,右击鼠标,在弹出的快捷菜单中执行"嵌套"命令,嵌套素材,如图4-28所示。

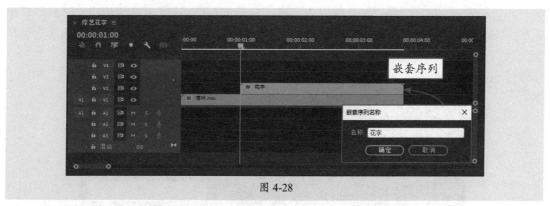
图 4-28

步骤 06 选中嵌套序列,在"效果控件"面板中选择"锚点"参数,在"节目"监视器面板中调整锚点位置,如图4-29所示。

选中锚点参数后在"节目"监视器面板中调整锚点位于文字中心

锚点　　　　1413.1　555.9

图 4-29

步骤 07 使用"选择工具"在"节目"监视器面板中双击选中文本并调整其角度与位置，如图4-30所示。

图 4-30

步骤 08 移动播放指示器至00:00:01:00处，选中嵌套序列，在"效果控件"面板中单击"缩放"参数左侧的"切换动画"按钮█添加关键帧，并设置"缩放"参数为0；按Shift+→组合键，将播放指示器右移5帧，修改"缩放"参数为120，软件将自动添加关键帧；再次右移5帧播放指示器，修改"缩放"参数为100，如图4-31所示。选中所有关键帧后右击鼠标，执行"缓入"和"缓出"命令，平滑变换效果。

每隔5帧设置缩放参数

图 4-31

步骤 09 双击嵌套序列将其打开，选中V3轨道中的素材，在"效果控件"面板中选择"锚点"参数，在"节目"监视器面板中调整锚点位置，如图4-32所示。

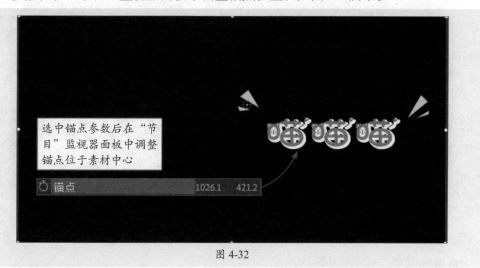

图 4-32

步骤 10 移动播放指示器至00:00:00:10处，选中V3轨道素材，在"效果控件"面板中单击"缩放"参数和"旋转"参数左侧的"切换动画"按钮添加关键帧，并设置参数，如图4-33所示。

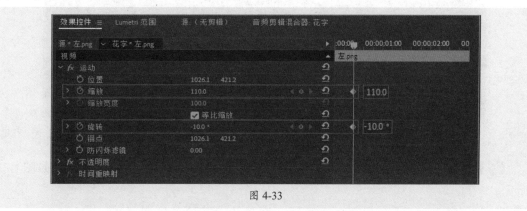

图 4-33

步骤 11 按Shift+→组合键，将播放指示器右移5帧，设置"缩放"参数和"旋转"参数，软件将自动添加关键帧，如图4-34所示。

图 4-34

步骤 12 选中关键帧，按Ctrl+C组合键复制素材。移动播放指示器的位置，每隔10帧按Ctrl+V组合键粘贴一次素材，效果如图4-35所示。

图 4-35

步骤 13 选中所有关键帧，右击鼠标并在弹出的快捷菜单中执行"缓入"和"缓出"命令，平滑变换效果，如图4-36所示。

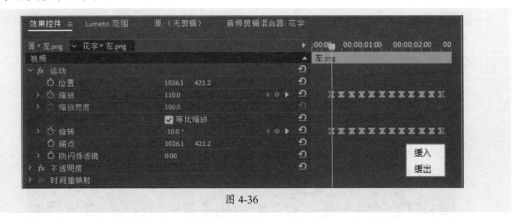

图 4-36

步骤 14 使用相同的方法，为V4轨道素材添加相同的关键帧并设置参数，如图4-37所示。

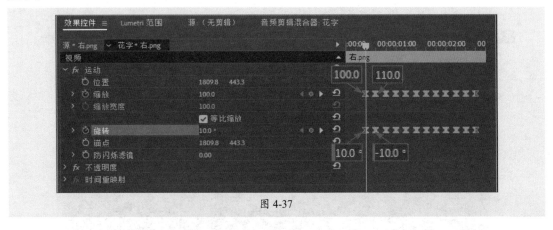

图 4-37

步骤 15 切换至"综艺花字"序列，双击"项目"面板中的音频素材，在"源"监视器面板的00:00:00:11处标记出点，如图4-38所示。

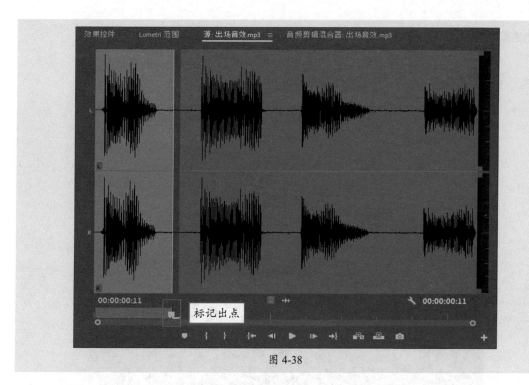

图 4-38

步骤 16 将"源"监视器面板中的音频拖曳至"时间轴"面板的A1轨道中，如图4-39所示。

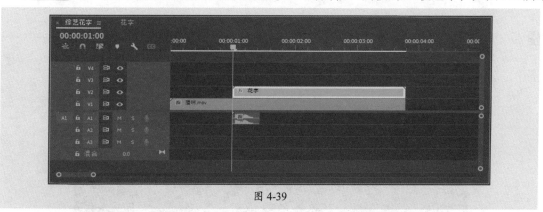

图 4-39

步骤 17 至此，完成综艺花字效果的制作。在"节目"监视器面板中按空格键预览效果，如图4-40所示。

图 4-40

4.2.2 "效果控件"面板——调整文本参数

"效果控件"面板主要用于对"时间轴"面板中选中素材的各项参数进行设置。图4-41所示为选中文本素材时的"效果控件"面板。

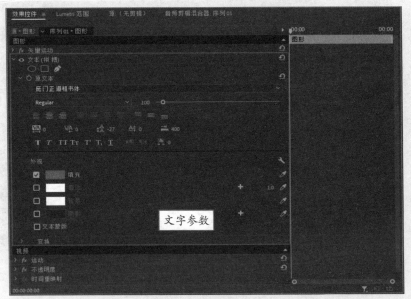

图 4-41

1. 源文本基础属性

选中"时间轴"面板中的文字素材,在"效果控件"面板中可以设置文字字体、文字大小、字间距、行距等基础属性,如图4-42所示。

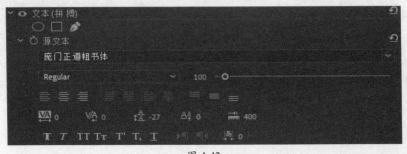

图 4-42

部分常用属性的作用如下。

- **字体:** 用于设置选中文本的字体。
- **字体样式:** 用于设置文字样式,仅部分字体可设置。
- **文字大小:** 用于设置文字大小,数值越大,文字越大。
- **对齐:** 用于设置文本对齐方式,包括左对齐文本■、居中对齐文本■、右对齐文本■、最后一行左对齐■、最后一行居中对齐■、对齐■、最后一行右对齐■、顶对齐文本■、居中对齐文本■及底对齐文本■十种对齐选项。其中,最后一行左对齐■、最后一行居中对齐■、对齐■及最后一行右对齐■等选项仅适用于区域文本。

- **字距调整** ：用于放宽或收紧选定文本或整个文本块中字符之间的间距。
- **字偶间距** ：用于放宽或收紧单个字符间距。
- **行距** ：用于设置文本行间距。
- **基线位移** ：用于设置文字在默认高度基础上向上（正）或向下（负）偏移。
- **仿粗体** ：用于加粗文字。
- **仿斜体** ：用于倾斜文字。
- **全部大写字母** ：用于将文字中的英文字母全部改为大写。
- **小型大写字母** ：用于将文字中小写的英文字母改为大写，并保持原始高度。
- **上标** ：用于将选中的文字更改为上标文字。
- **下标** ：用于将选中的文字更改为下标文字。
- **下划线** ：用于为选中的文字添加下划线。
- **比例间距** ：用于设置选定文本四周的宽度。

2. 外观设置

在"效果控件"面板中可以设置文本的外观属性，包括填充、描边、背景、阴影等，如图4-43所示。

图 4-43

1）填充

"填充"是指设置文字的颜色。选中"填充"参数左侧的复选框，"节目"监视器面板中的文字将显示设置的填充色，如图4-44所示。

图 4-44

单击填充色块 ，在打开的"拾色器"对话框中可以重新设置填充色，也可以为文本添加渐变色，如图4-45所示。

图 4-45

2）描边

选中"描边"参数左侧的复选框，文字将显示默认的描边效果。在"效果控件"面板中还可以设置描边颜色、描边宽度等参数。图4-46所示为设置文字描边后的效果。

图 4-46

同时，软件支持添加多个文本描边效果。单击"描边"参数中的"向此图层添加描边"按钮 ，将自动新增一个"描边"参数，如图4-47所示。用户可以通过添加多个描边，制作特殊的文字效果。

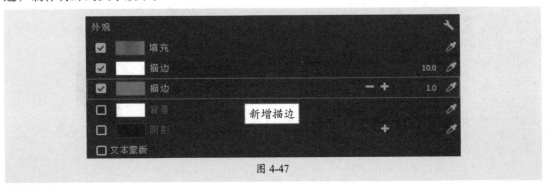

图 4-47

单击"外观"属性右侧的"图形属性"按钮 ↘ ，打开"图形属性"对话框可以设置描边样式，如图4-48所示。用户可以根据需要设置线段连接、线段端点等属性，同时在该对话框中还可以设置背景填充模式。

图 4-48

3）背景

选中"背景"复选框，可以为文字添加背景颜色，同时可以展开"背景"选项进行更细致的设置，如图4-49所示。

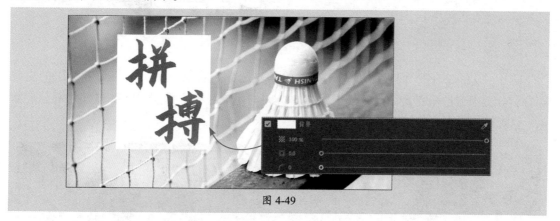

图 4-49

4）阴影

选中"阴影"复选框，可以为文字添加阴影效果，在展开的"阴影"选项中还可以进一步设置阴影选项，如图4-50所示。

图 4-50

文字同样可以添加多个阴影效果。

5）文本蒙版

　　若文本素材中的文字下方存在图形，还可以制作文本蒙版效果。选中"时间轴"面板中的文本素材，使用"椭圆工具"  在"节目"监视器面板中绘制椭圆，然后在"基本图形"面板中调整椭圆图层位于文字图层下方，效果如图4-51所示。

图 4-51

　　选中"效果控件"面板中的"文本蒙版"复选框，将仅显示文字与下方图层的重叠部分，如图4-52所示；选中"反转"复选框，将显示文字下方图层除文字以外的部分，如图4-53所示。

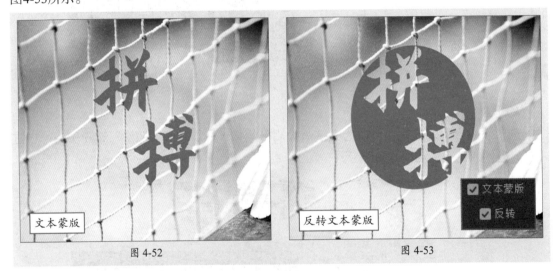

图 4-52　　　　　　　　　　　　　　　　　　　　图 4-53

3. 变换文本

　　选中文本素材，在"效果"面板的"矢量运动"效果中可以对整体的位置、缩放等参数进行调整。若文本素材中存在多个文本或图形，可在相应文本或图形的"变换"参数中分别进行设置。图4-54所示为文本的"变换"参数。

图 4-54

4.2.3 "基本图形"面板——调整文本参数

"基本图形"面板中的选项与"效果控件"面板基本一致,用户同样可以在该面板中对影片中的文字进行编辑美化。图4-55所示为"基本图形"面板。

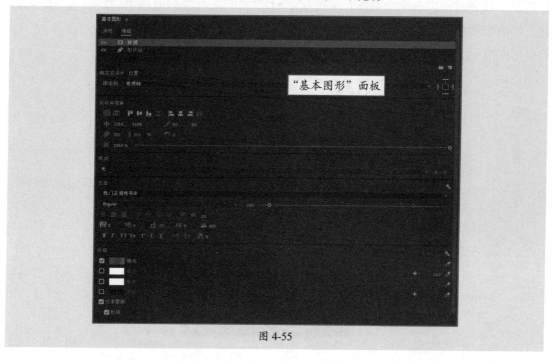

图 4-55

下面将对"基本图形"面板与"效果控件"面板有关文本设置的不同之处进行说明。

1. 对齐并变换

"基本图形"面板支持设置选中的文字与画面对齐,如图4-56所示。

图 4-56

其中,"垂直居中对齐"按钮■和"水平居中对齐"按钮■可设置选中文本与画面中心对齐,如图4-57所示;在仅选中一个文字图层的情况下,其余对齐按钮可设置选中文本与画面对齐;在选中多个文字图层的情况下,其余对齐按钮可设置选中文本对齐。

图 4-57

2. 响应式设计 - 位置

"响应式设计-位置"参数可以将当前图层响应至其他图层,随着其他图层变换而变换,即令选中图层自动适应视频帧的变化。例如,在文字图层下方新建矩形图层,选中矩形图层,设置其固定至文字图层;更改文字时,"节目"监视器面板中的矩形也会随之变化,如图4-58所示。

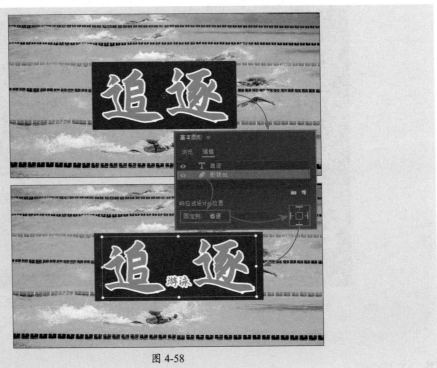

图 4-58

3. 响应式设计 - 时间

"响应式设计-时间"是基于图形响应的,在未选中图层的情况下,"响应式设计-时间"参数将出现在"基本图形"面板的底部,如图4-59所示。

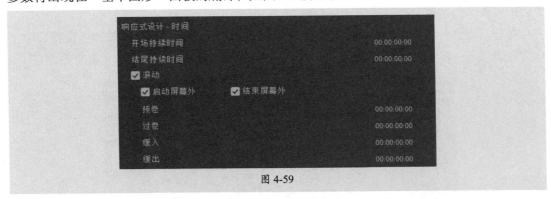

图 4-59

"响应式设计-时间"参数可以保留开场和结尾关键帧的图形片段,在改变剪辑持续时间时,不会影响开场和结尾片段;在修剪图形的出点和入点时,也会保护开场和结尾时间范围内的关键帧,同时,对中间区域的关键帧进行拉伸或压缩以适应改变后的持续时间。用户还可以通过选择"滚动"选项,制作滚动字幕效果。

课堂实战 KTV歌词字幕效果制作

本章课堂实战练习制作KTV歌词字幕效果，目的是综合运用本章所学的知识点，以熟练掌握和巩固导入及编辑素材的操作方法。下面将进行操作思路的介绍。

步骤 01 打开Premiere软件，新建项目和序列。按Ctrl+I组合键，打开"导入"对话框，导入本章音视频素材文件，如图4-60所示。

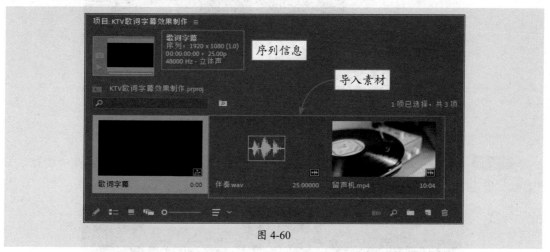

图 4-60

步骤 02 选择视频素材，将其拖曳至"时间轴"面板的V1轨道中。右击鼠标，执行"取消链接"命令，取消音视频链接，并删除音频部分，如图4-61所示。

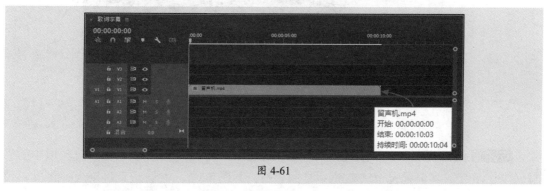

图 4-61

步骤 03 使用"比率拉伸工具"调整V1轨道素材持续时间为00:00:11:24，如图4-62所示。

图 4-62

步骤 04 移动播放指示器至00:00:00:00处，使用"文字工具" T 在"节目"监视器面板中输入文字，如图4-63所示。

图 4-63

步骤 05 选择文字，在"基本图形"面板中设置字体、大小等参数，并设置"填充"为白色，"描边"为无，效果如图4-64所示。

图 4-64

步骤 06 新建文字后，"时间轴"面板V2轨道中将出现文字素材。选中V2轨道中的素材，按住Alt键，将其拖曳至V3轨道中复制素材，并调整V2、V3轨道素材持续时间与V1轨道素材一致，如图4-65所示。

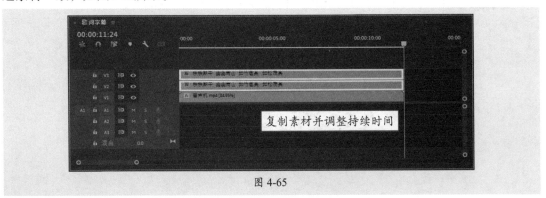

图 4-65

步骤 07 选中V3轨道素材，在"基本图形"面板中选中文字图层，设置填充和描边参数，效果如图4-66所示。

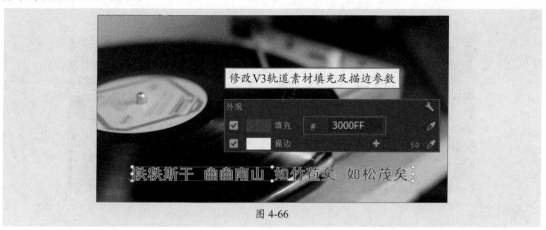

图 4-66

步骤 08 在"效果"面板中搜索"裁剪"视频效果，将其拖曳至V3轨道素材上。移动播放指示器至00:00:00:00处，在"效果控件"面板中单击"裁剪"效果"右侧"参数左侧的"切换动画"按钮 ，添加关键帧，并设置其数值为90%，如图4-67所示。

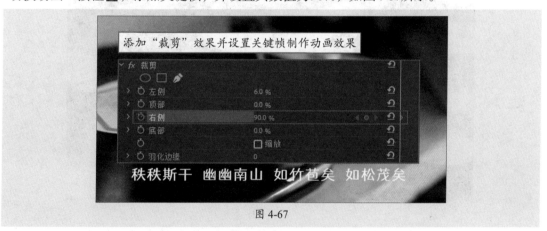

图 4-67

步骤 09 移动播放指示器至00:00:11:20处，在"效果控件"面板中修改"右侧"参数为11%，软件将自动添加关键帧，如图4-68所示。

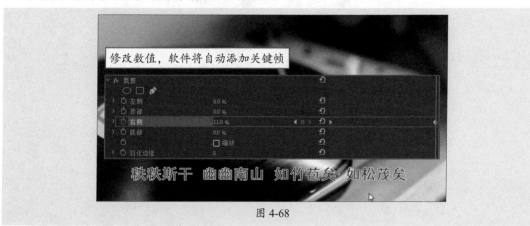

图 4-68

步骤 10 将音频素材拖曳至"时间轴"面板的A1轨道。移动播放指示器至00:00:11:24处，使用"剃刀工具"在播放指示器所在处单击，剪切音频素材，并删除右侧部分，如图4-69所示。

图 4-69

步骤 11 至此，完成KTV歌词字幕效果的制作。在"节目"监视器面板中按空格键预览效果，如图4-70所示。

图 4-70

学 习 心 得

课后练习 制作弹幕效果

下面将综合运用本章学习的知识制作弹幕效果，如图4-71所示。

图 4-71

1. 技术要点

- 新建项目序列后导入素材文件，新建文本；
- 设置文本参数，复制并调整文字；
- 设置"位置"关键帧，制作文字自右向左游动效果。

2. 分步演示

如图4-72所示。

图 4-72

拓展赏析

《冰山上的来客》

　　《冰山上的来客》是由长春电影制片厂制作发行的一部剧情片，由赵心水执导，梁音、阿依夏木、谷毓英等人主演。该片从真假古兰丹姆与战士阿米尔的爱情悬念出发，讲述了边疆战士和杨排长一起与特务假古兰丹姆斗智斗勇，最终胜利的阿米尔和真古兰丹姆也得以重逢的故事，如图4-73所示。

图 4-73

　　这部影片是一部充满情感和艺术性的影片，具备鲜明的民族特色和地域色彩，是浪漫主义和写实主义的结合之作。它深刻地反映了新疆各族军民团结一致反分裂的主题，展现了国家叙事的重要内容。如图4-74所示为该片剧照。

图 4-74

素材文件

第5章

影视编辑之
视频过渡效果

内容导读

　　视频过渡效果是影视编辑中的点睛之笔，它可以使场景自然切换而不突兀。本章将对Premiere中的视频过渡效果进行讲解，包括视频过渡的应用及编辑，常见的视频过渡效果等。

思维导图

影视编辑之视频过渡效果

"3D运动(3D Motion)"视频过渡效果组——模拟3D运动效果

"划像(Iris)"视频过渡效果组——分割画面切换素材

"页面剥落(Page Peel)"视频过渡效果组——模拟翻页或页面剥落效果

"滑动(Slide)"视频过渡效果组——滑动画面切换素材

"擦除(Wipe)"视频过渡效果组——擦除图像切换素材

"缩放(Zoom)"视频过渡效果组——缩放图像切换素材

"内滑"视频过渡效果组——推动模糊素材切换

"溶解"视频过渡效果组——溶解淡化素材切换

认识视频过渡

视频过渡——了解视频过渡的概念及作用

添加视频过渡效果——添加视频过渡的方法

编辑视频过渡效果——调整视频过渡效果

常用视频
过渡效果

5.1　认识视频过渡

视频过渡效果是指在视频片段与片段之间添加的转场效果，使场景切换更加流畅自然。Premiere软件中有很多预设的视频过渡效果，用户可以直接应用。

5.1.1　案例解析——场景切换效果

在学习制作视频过渡效果之前，可以先看看以下案例，即使用"交叉溶解"视频过渡效果切换场景，在"效果控件"面板中调整过渡效果参数。

步骤 01 打开Premiere软件，新建项目和序列。按Ctrl+I组合键，打开"导入"对话框，导入本章视频素材文件，如图5-1所示。

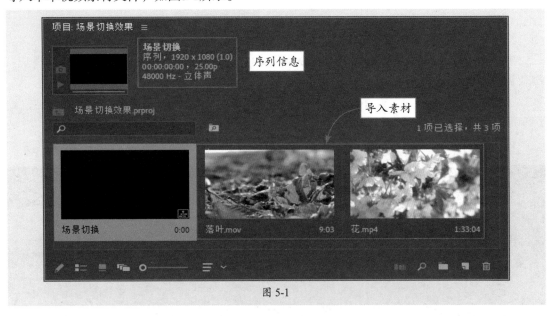

图 5-1

步骤 02 选中"落叶.mov"素材，将其拖曳至"时间轴"面板的V1轨道中，使用"剃刀工具"在00:00:04:24处剪切素材并删除右侧部分，如图5-2所示。

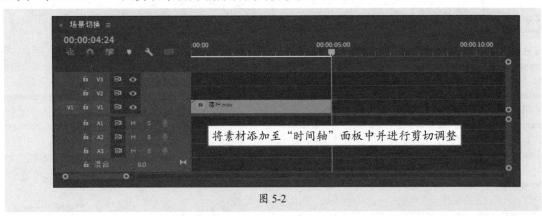

图 5-2

步骤 03 双击"花.mp4"素材，在"源"监视器面板中预览其效果，并在00:01:08:22处标记入点，在00:01:13:21处标记出点，如图5-3所示。

图 5-3

步骤 04 将"源"监视器面板中的视频拖曳至"时间轴"面板V1轨道中的素材右侧，在"效果"面板中搜索"交叉溶解"视频过渡效果并将其拖曳至V1轨道素材之间，如图5-4所示。

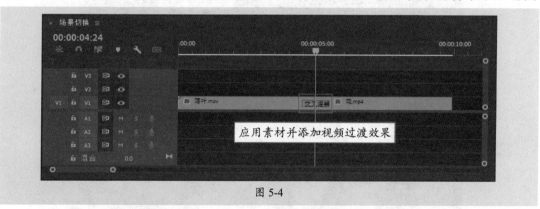

图 5-4

步骤 05 选中添加的视频过渡效果，在"效果控件"面板中设置其持续时间为20帧，如图5-5所示。

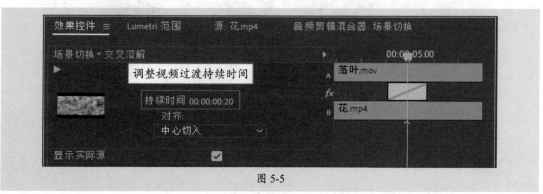

图 5-5

步骤 06 移动播放指示器至00:00:00:00处，使用"文字工具"在"节目"监视器面板中输入文字，在"效果控件"面板中设置字体、大小等参数，效果如图5-6所示。

图 5-6

步骤 07 此时"时间轴"面板V2轨道中自动出现文字素材。按住Alt键向右拖曳复制文字，如图5-7所示。

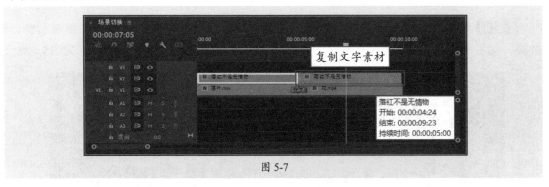

图 5-7

步骤 08 在"节目"监视器面板中修改复制文字素材的内容，如图5-8所示。

图 5-8

步骤 09 在"效果"面板中搜索Wipe（擦除）视频过渡效果并将其拖曳至V2轨道素材之间，在"效果控件"面板中设置其持续时间为20帧，效果如图5-9所示。

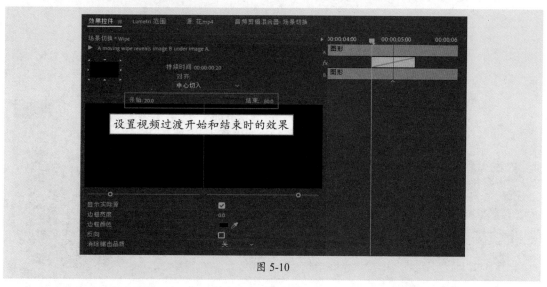

图 5-9

步骤 10 继续选择V2轨道中的视频过渡效果，在"效果控件"面板中设置其"开始"为20，"结束"为80，如图5-10所示。

图 5-10

步骤 11 至此，完成场景切换效果的制作。在"节目"监视器面板中按空格键预览效果，如图5-11所示。

图 5-11

5.1.2　视频过渡——了解视频过渡的概念及作用

视频过渡是指场景之间切换时的过渡效果，其主要功能是使前后素材的衔接更加顺畅且更具逻辑性及艺术性，同时通过视频过渡效果可以推动情节、渲染气氛，使影片更具观赏性。

5.1.3　添加视频过渡效果——添加视频过渡的方法

Premiere软件中的视频过渡效果一般位于"效果"面板中，在该面板中选中视频过渡效果，将其拖曳至"时间轴"面板中素材的入点或出点处，即可添加视频过渡效果。图5-12所示为添加"交叉溶解"视频过渡的效果。

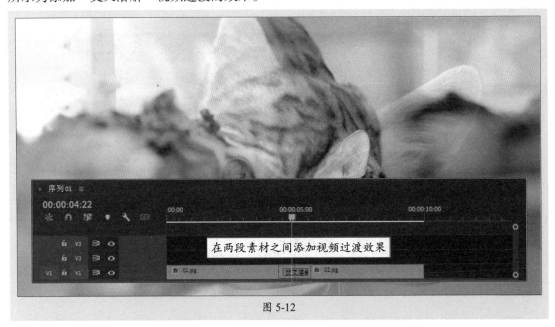

图 5-12

操作提示

除了软件预设的视频过渡效果外，用户还可以通过拍摄视频效果和关键帧制作更多有趣的过渡效果。

1. 设置默认视频过渡

通过设置默认视频过渡，可以为多个素材添加同一视频过渡效果，默认的视频过渡效果为"交叉溶解"，在"效果"面板中其左侧图标周围有蓝色轮廓 。在"效果"面板中选择任意一个视频过渡，右击鼠标，在弹出的快捷菜单中执行"将所选过渡设置为默认过渡"命令，可将选中的视频过渡设置为默认的视频过渡效果。

通过执行"应用视频过渡"命令或"应用默认过渡到选择项"命令，可以为素材添加默认的视频过渡效果。选中"时间轴"面板中要添加默认视频过渡的素材片段，执行"序列" | "应用默认过渡到选择项"命令或按Shift+D组合键，即可为选中素材添加视频过渡效果，如图5-13所示。

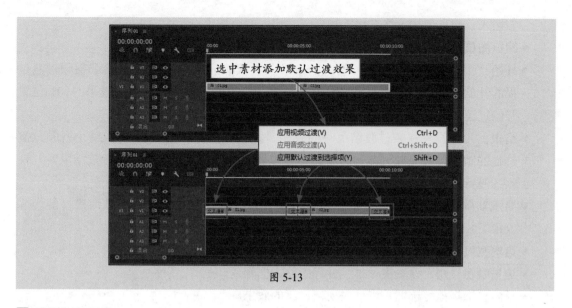

图 5-13

2. 替换视频过渡

在"效果"面板中选择新的视频过渡效果，将其拖曳至要替换的视频过渡效果上即可。

3. 删除视频过渡

选择"时间轴"面板中要删除的视频过渡效果，按Delete键或Backspace键即可将其删除。

5.1.4 编辑视频过渡效果——调整视频过渡效果

添加视频过渡效果后，在"效果控件"面板中可以对选中的视频过渡的持续时间、方向等参数进行设置。图5-14所示为选择Wipe（擦除）视频过渡效果时的"效果控件"面板。

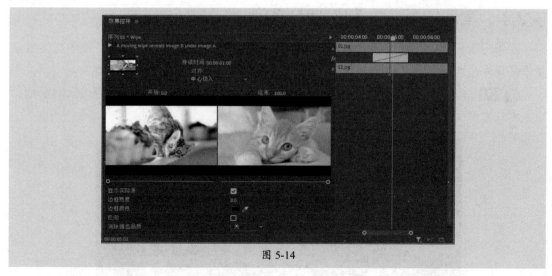

图 5-14

"效果控件"面板中部分选项的作用如下。

● **持续时间**：用于设置视频过渡效果的持续时间，时间越长，过渡越慢。

● **对齐**：用于设置视频过渡效果与相邻素材片段的对齐方式，在其下拉列表中包括中心切入、起点切入、终点切入和自定义切入四个选项。

- **缩览图** 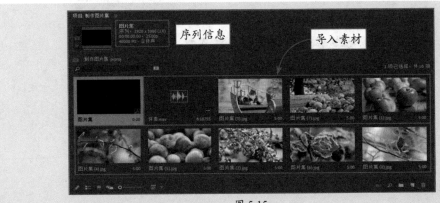：单击其周围的边缘选择器箭头，可设置视频过渡方向。
- **开始**：用于设置视频过渡开始时的效果，默认数值为0，表示将从整个视频过渡过程的开始位置进行过渡；若将该参数设置为10，则从整个视频过渡效果的10%位置开始过渡。
- **结束**：用于设置视频过渡结束时的效果，默认数值为100，表示将在整个视频过渡过程的结束位置完成过渡；若将该参数设置为90，则表示视频过渡特效结束时，视频过渡特效只是完成了整个视频过渡效果的90%。
- **显示实际源**：选择该复选框，在"效果控件"面板的预览区中将显示素材的实际效果。
- **边框宽度**：用于设置视频过渡过程中的边框宽度。
- **边框颜色**：用于设置视频过渡过程中的边框颜色。
- **反向**：选择该复选框，将反向视频过渡的效果。

操作提示

不同的视频过渡效果，选项略有不同，在使用时需根据实际情况进行设置。

5.2 常用视频过渡效果

Premiere软件中有多组预设的视频过渡效果，在进行影视编辑时，用户可以直接通过这些预设的视频过渡效果制作转场。本小节将对常见的视频过渡效果组进行说明。

5.2.1 案例解析——制作图片集

在学习常用视频过渡效果之前，可以先看看以下案例，即使用"急摇"视频过渡效果制作图片快速切换的效果。

步骤 01 打开Premiere软件，新建项目和序列。按Ctrl+I组合键，打开"导入"对话框，导入本章素材文件，如图5-15所示。

图 5-15

步骤 02 将图片素材按照序号拖曳至"时间轴"面板的V1轨道中，右击鼠标，在弹出的快捷菜单中执行"速度/持续时间"命令，打开"剪辑速度/持续时间"对话框，设置持续时间为20帧，并选择"波纹编辑，移动尾部剪辑"复选框。设置完成后单击"确定"按钮，调整素材持续时间，效果如图5-16所示。

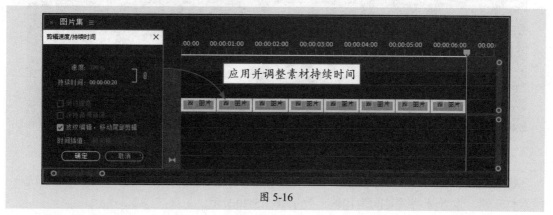

图 5-16

步骤 03 在"效果"面板中搜索"急摇"视频过渡效果，将其拖曳至V1轨道第一段素材出点处，并在"效果控件"面板中设置其持续时间为10帧，设置对齐方式为"终点切入"，效果如图5-17所示。

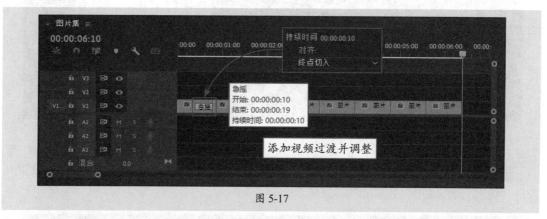

图 5-17

步骤 04 选中添加的"急摇"视频过渡效果，按Ctrl+C组合键进行复制。在第二段和第三段素材相接处单击，按Ctrl+V组合键粘贴复制的视频过渡效果，如图5-18所示。

图 5-18

步骤 05 使用相同的方法复制视频过渡效果，如图5-19所示。

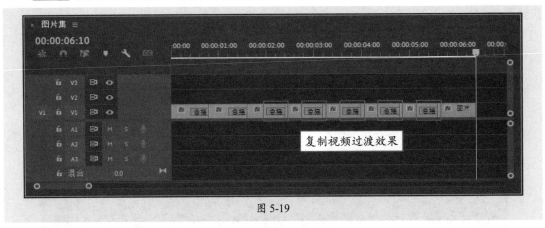

图 5-19

步骤 06 在"效果"面板中搜索"黑场过渡"视频过渡效果，将其拖曳至V1轨道最后一段素材末端，设置其持续时间为10帧，效果如图5-20所示。

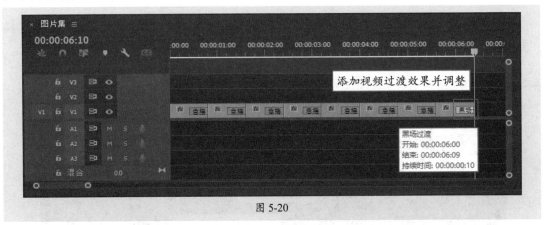

图 5-20

步骤 07 将音频素材拖曳至"时间轴"面板的A1轨道中，在"效果控件"面板中设置其音量"级别"为-15dB，效果如图5-21所示。

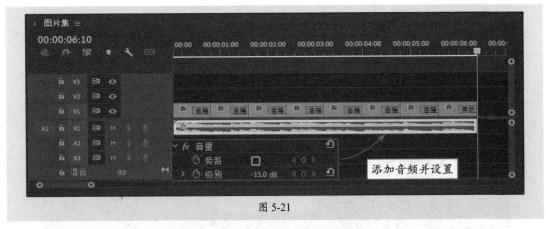

图 5-21

步骤 08 至此，完成图片集的制作。在"节目"监视器面板中按空格键预览效果，如图5-22所示。

图 5-22

5.2.2 "3D运动(3D Motion)"视频过渡效果组
——模拟3D运动效果

"3D运动"视频过渡效果组可以模拟三维空间运动切换场景的效果,该效果组中包括"立方体旋转(Cube Spin)"和"翻转(Flip Over)"两种效果。

1. 立方体旋转(Cube Spin)

"立方体旋转"视频过渡效果可以模拟立方体旋转运动,其中,素材A随着立方体的旋转而离开,素材B则随着立方体的旋转而出现。图5-23所示为添加"立方体旋转"视频过渡的效果。

图 5-23

2. 翻转(Flip Over)

"翻转"视频过渡效果可以模拟平面翻转,其中,素材A和素材B类似于一个平面的正反面，随着平面翻转，素材A离开，素材B出现。图5-24所示为添加"翻转"视频过渡的效果。

图 5-24

5.2.3 "划像（Iris）"视频过渡效果组——分割画面切换素材

"划像"视频过渡效果组可以通过分割画面制作出场景切换的效果，该效果组中包括"盒形划像（Iris Box）""交叉划像（Iris Cross）""菱形划像（Iris Diamond）"和"圆形划像（Iris Round）"四种效果。

1. 盒形划像（Iris Box）

在"盒形划像"视频过渡效果中，素材A的中心将出现一个长方形并显示素材B相应位置的内容，长方形向四周扩展，直至充满整个画面并完全显示素材B。图5-25所示为添加"盒形划像"视频过渡的效果。

图 5-25

2. 交叉划像（Iris Cross）

在"交叉划像"视频过渡效果中，素材A的中心将出现一个十字并显示素材B相应位置的内容，十字向四角伸展，直至充满整个画面并完全覆盖素材A。图5-26所示为添加"交叉划像"视频过渡的效果。

图 5-26

3. 菱形划像（Iris Diamond）

在"菱形划像"视频过渡效果中，素材A的中心将出现一个菱形并显示素材B相应位置的内容，菱形向四周扩展，直至充满整个画面并完全覆盖素材A。图5-27所示为添加"菱形划像"视频过渡的效果。

图 5-27

4. 圆形划像（Iris Round）

在"圆形划像"视频过渡效果中，素材A的中心将出现一个圆形并显示素材B相应位置的内容，圆形向四周扩展，直至充满整个画面并完全覆盖素材A。图5-28所示为添加"圆形划像"视频过渡的效果。

图 5-28

5.2.4 "页面剥落（Page Peel）"视频过渡效果组
——模拟翻页或页面剥落效果

"页面剥落"视频过渡效果组可以通过模拟翻页或页面剥落制作出场景切换的效果，该效果组中包括"页面剥落（Page Peel）"和"翻页（Page Turn）"两种效果。

1. 页面剥落（Page Peel）

在"页面剥落"视频过渡效果中，素材A将模拟纸张翻页的效果，直至完全消失并显示素材B。图5-29所示为添加"页面剥落"视频过渡的效果。

图 5-29

2. 翻页（Page Turn）

在"翻页"视频过渡效果中，素材A将以页角对折的方式逐渐消失并显示素材B。图5-30所示为添加"翻页"视频过渡的效果。

图 5-30

5.2.5 "滑动（Slide）"视频过渡效果组
——滑动画面切换素材

"滑动"视频过渡效果组可以通过滑动画面制作出场景切换的效果，该效果组中包括"带状滑动（Band Slide）""中心拆分（Center Split）""推（Push）""滑动（Slide）"和"拆分（Split）"五种效果。

1. 带状滑动（Band Slide）

在"带状滑动"视频过渡效果中，素材B将被分割为带状，并以设置的方向向画面中心滑动直至拼合成完整画面并覆盖素材A。图5-31所示为添加"带状滑动"视频过渡的效果。

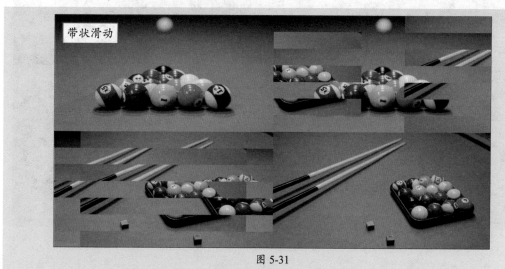

图 5-31

2. 中心拆分（Center Split）

在"中心拆分"视频过渡效果中，素材A将被从中心分割为四个部分，分别向四角滑动直至完全消失并显示素材B。图5-32所示为添加"中心拆分"视频过渡的效果。

图 5-32

3. 推（Push）

在"推"视频过渡效果中，素材A和素材B将并排向画面一侧滑动直至素材A完全消失，素材B完全显示。图5-33所示为添加"推"视频过渡的效果。

图 5-33

4. 滑动（Slide）

在"滑动"视频过渡效果中，素材B将从画面一侧逐渐滑动出现直至完全覆盖素材A。图5-34所示为添加"滑动"视频过渡的效果。

图 5-34

5. 拆分（Split）

　　在"拆分"视频过渡效果中，素材A将被分割为两部分，并分别向画面两侧滑动直至完全显示素材B。图5-35所示为添加"拆分"视频过渡的效果。

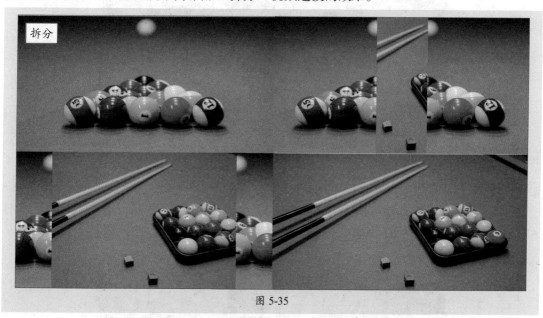

图 5-35

5.2.6 "擦除（Wipe）"视频过渡效果组——擦除图像切换素材

　　"擦除"视频过渡效果组中的效果可以通过擦除图像制作出场景切换的效果，该效果组中包括"带状擦除（Band Wipe）""油漆飞溅（Paint Splatter）"等十七种效果。

1. 带状擦除（Band Wipe）

　　"带状擦除"视频过渡效果将以带状的形式擦除素材A而显示素材B。图5-36所示为添加"带状擦除"视频过渡的效果。

图 5-36

2. 双侧平推门（Barn Doors）

在"双侧平推门"视频过渡效果中，将从中心向两侧擦除素材A而显示素材B。图5-37所示为添加"双侧平推门"视频过渡的效果。

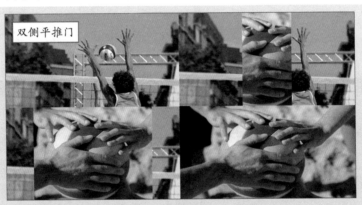

图 5-37

3. 棋盘擦除（Checker Wipe）

"棋盘擦除"视频过渡效果将把素材A划分为多个方格，并从每个方格的一侧擦除素材A而显示素材B。图5-38所示为添加"棋盘擦除"视频过渡的效果。

图 5-38

4. 棋盘（Checker Board）

在"棋盘"视频过渡效果中，素材B将以棋盘状小方格的形式从上至下逐个出现直至完全覆盖素材A。图5-39所示为添加"棋盘"视频过渡的效果。

图 5-39

5. 时钟式擦除（Clock Wipe）

"时钟式擦除"视频过渡效果将以时钟转动的形式擦除素材A而显示素材B。图5-40所示为添加"时钟式擦除"视频过渡的效果。

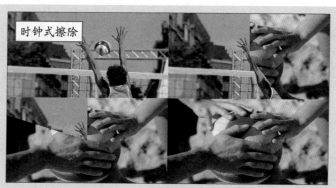

图 5-40

6. 渐变擦除（Gradient Wipe）

"渐变擦除"视频过渡效果将以一个指定图像的灰度值作为参考，根据参考图像由黑至白擦除素材A而显示素材B。图5-41所示为添加"渐变擦除"视频过渡的效果。

图 5-41

添加"渐变擦除"视频过渡效果时，将打开"渐变擦除设置"对话框，如图5-42所示。在该对话框中可以选择图像并设置柔和度。单击"选择图像"按钮，将打开"打开"对话框，可选择参考图像，如图5-43所示。

图 5-42   图 5-43

7. 插入（Insert）

在"插入"视频过渡效果中，将从画面的一角擦除素材A直至完全显示素材B。图5-44所示为添加"插入"视频过渡的效果。

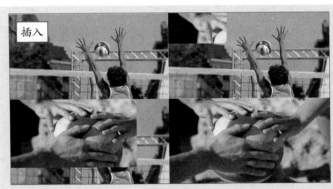

图 5-44

8. 油漆飞溅（Paint Splatter）

"油漆飞溅"视频过渡效果将模拟泼墨的方式擦除素材A而显示素材B。图5-45所示为添加"油漆飞溅"视频过渡的效果。

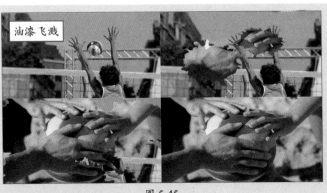

图 5-45

9. 风车（Pinwheel）

在"风车"视频过渡效果中，将以风车叶片旋转的方式擦除素材A而显示素材B。图5-46所示为添加"风车"视频过渡的效果。

图 5-46

10. 径向擦除（Radial Wipe）

在"径向擦除"视频过渡效果中，将从画面的一角以射线扫描的方式擦除素材A而显示素材B。图5-47所示为添加"径向擦除"视频过渡的效果。

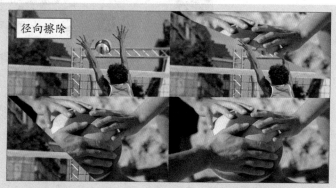

图 5-47

11. 随机块（Random Blocks）

在"随机块"视频过渡效果中，素材B将以随机小方块的形式出现，直至完全覆盖素材A。图5-48所示为添加"随机块"视频过渡的效果。

图 5-48

12. 随机擦除（Random Wipe）

在"随机擦除"视频过渡效果中，素材A将被随机小方块从画面一侧开始擦除，直至完全消失并显示素材B。图5-49所示为添加"随机擦除"视频过渡的效果。

图 5-49

13. 螺旋框（Spiral Boxes）

在"螺旋框"视频过渡效果中，将通过从外至内的螺旋框擦除素材A而显示素材B。图5-50所示为添加"螺旋框"视频过渡的效果。

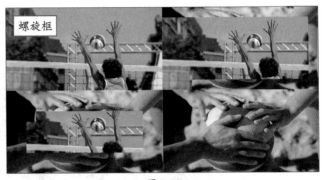

图 5-50

操作提示

在"效果控件"面板中，可以对螺旋块的尺寸进行设置。

14. 百叶窗（Venetian Blinds）

在"百叶窗"视频过渡效果中，把素材A分割为类似百叶窗的多条带，从带的一侧擦除素材A而显示素材B。图5-51所示为添加"百叶窗"视频过渡的效果。

图 5-51

15. 楔形擦除（Wedge Wipe）

在"楔形擦除"视频过渡效果中，将从画面中心以楔形旋转的方式擦除素材A而显示素材B。图5-52所示为添加"楔形擦除"视频过渡的效果。

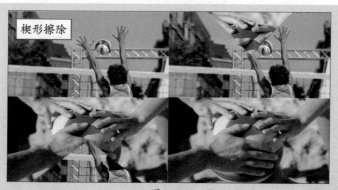

图 5-52

16. 擦除（Wipe）

在"擦除"视频过渡效果中，将从画面一侧擦除素材A而显示素材B。图5-53所示为添加"擦除"视频过渡的效果。

图 5-53

17. Z字形块（Zig-Zag Blocks）

在"Z字形块"视频过渡效果中，将模拟水波来回推进的效果，以Z字形块擦除素材A而显示素材B。图5-54所示为添加"Z字形块"视频过渡的效果。

图 5-54

5.2.7 "缩放（Zoom）"视频过渡效果组
——缩放图像切换素材

"缩放"视频过渡效果组中仅包括"交叉缩放（Cross Zoom）"一种效果，其通过缩放图像制作出场景切换的效果，即素材A被放至无限大，素材B从无限大缩放至原始比例，在无限大时切换素材。图5-55所示为添加"交叉缩放"视频过渡的效果。

图 5-55

5.2.8 "内滑"视频过渡效果组——推动模糊素材切换

"内滑"视频过渡效果组中仅包括"急摇"一种效果，其通过从左至右快速推动素材，使其产生动感模糊制作出场景切换的效果。图5-56所示为添加"急摇"视频过渡的效果。

图 5-56

5.2.9 "溶解"视频过渡效果组——溶解淡化素材切换

"溶解"视频过渡效果组中的效果可以通过淡化、溶解素材的方式制作出场景切换的效果，该效果组中包括"白场过渡""黑场过渡"等七种效果。

1. MorphCut

MorphCut视频过渡效果可以修复素材间的跳帧现象，多用于整理访谈素材中的剪辑。该过渡效果采用脸部跟踪和可选流插值的高级组合，可无缝衔接编辑后的素材片段，使访谈素材在剪辑后依然流畅自然。

将MorphCut视频过渡效果拖曳至素材上后，后台将进行剪辑分析，同时"节目"监视器面板中将显示"在后台进行分析"横幅，如图5-57所示。

图 5-57

操作提示

后台进行分析时，用户可以执行其他操作。

2. 叠加溶解（Additive Dissolve）

在"叠加溶解"视频过渡效果中，素材A和素材B将以亮度叠加的方式相互融合，素材A逐渐变亮的同时慢慢显示出素材B。图5-58所示为添加"叠加溶解"视频过渡的效果。

图 5-58

3. 胶片溶解（Film Dissolve）

"胶片溶解"视频过渡效果是混合在线性色彩空间中的溶解过渡（灰度系数=1.0），画面对比度会产生细微的变化。图5-59所示为添加"胶片溶解"视频过渡的效果。

图 5-59

4. 非叠加溶解（Non-Additive Dissolve）

在"非叠加溶解"视频过渡效果中，素材A从暗部至亮部逐渐消失，而素材B从亮部至暗部逐渐出现。图5-60所示为添加"非叠加溶解"视频过渡的效果。

图 5-60

5. 交叉溶解

"交叉溶解"视频过渡效果在淡出素材A的同时淡入素材B，在剪辑的开头和结尾添加该过渡，可制作出类似"黑场过渡"的效果。图5-61所示为添加"交叉溶解"视频过渡的效果。

图 5-61

6. 白场过渡

在"白场过渡"视频过渡效果中，素材A逐渐淡化至白色，然后从白色淡化至素材B。图5-62所示为添加"白场过渡"视频过渡的效果。

图 5-62

7. 黑场过渡

在"黑场过渡"视频过渡效果中，素材A逐渐淡化至黑色，然后从黑色淡化至素材B。图5-63所示为添加"黑场过渡"视频过渡的效果。

图 5-63

课堂实战 制作开场视频

本章课堂实战练习制作开场视频，目的是综合运用本章的知识点，以熟练掌握和巩固素材的操作。下面将进行操作思路的介绍。

步骤 01 打开Premiere软件，新建项目和序列。按Ctrl+I组合键，打开"导入"对话框，导入本章音视频素材文件，如图5-64所示。

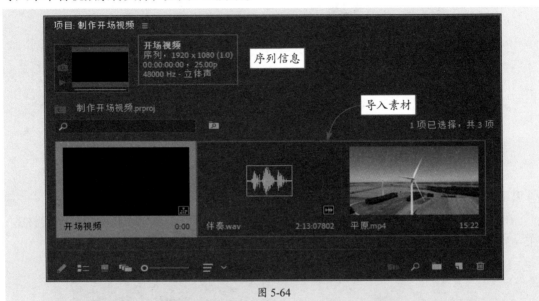

图 5-64

步骤 02 选中视频素材，将其拖曳至"时间轴"面板的V1轨道中，并设置其持续时间为10秒，效果如图5-65所示。

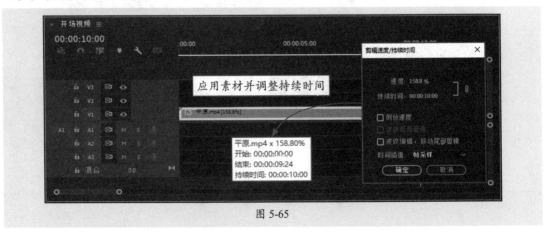

图 5-65

步骤 03 在"项目"面板中新建黑场视频素材，并将其拖曳至"时间轴"面板的V3轨道中，设置其持续时间为2秒，如图5-66所示。

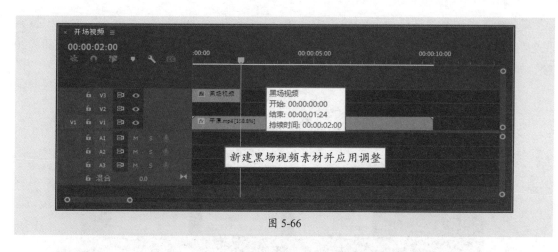

图 5-66

步骤 04 在"效果"面板中搜索"拆分"视频过渡效果，将其拖曳至V3轨道素材结尾处，在"效果控件"面板中设置方向为"自北向南"，并设置持续时间为2秒，如图5-67所示。

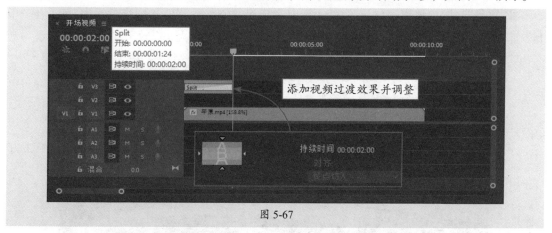

图 5-67

步骤 05 移动播放指示器至00:00:01:00处，使用"文字工具"在"节目"监视器面板中输入文字，在"基本图形"面板中设置字体、大小等参数，效果如图5-68所示。

图 5-68

步骤 06 将文字素材移动至V2轨道中，调整其持续时间为3秒。在"效果"面板中搜索"交叉溶解"视频过渡效果，将其拖曳至文字素材的开头和结尾处，并调整其持续时间为20帧，如图5-69所示。

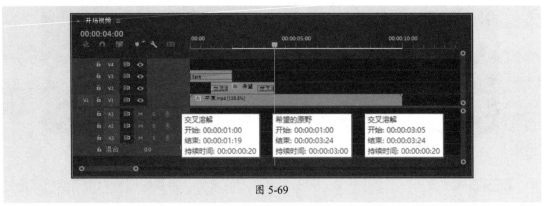

图 5-69

步骤 07 选中V2轨道素材，按住Alt键向右拖曳复制，并调整其持续时间为5秒。在"节目"监视器面板中修改文字，在"基本图形"面板中设置文字大小，效果如图5-70所示。

图 5-70

步骤 08 在"效果"面板中搜索"黑场视频"视频过渡效果，将其拖曳至V1轨道素材结尾处，并调整其持续时间为2秒，如图5-71所示。

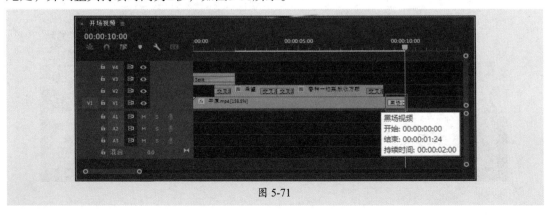

图 5-71

步骤 **09** 双击"项目"面板中的音频素材,在"源"监视器面板中预览效果。在00:00:00:19处标记入点,在00:00:13:21处标记出点,并将其拖曳至"时间轴"面板的A1轨道中,调整其持续时间为10秒,如图5-72所示。

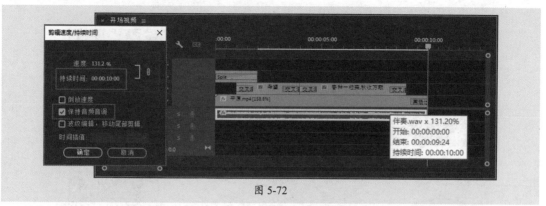

图 5-72

步骤 **10** 至此,完成开场视频的制作,在"节目"监视器面板中按空格键预览效果,如图5-73所示。

图 5-73

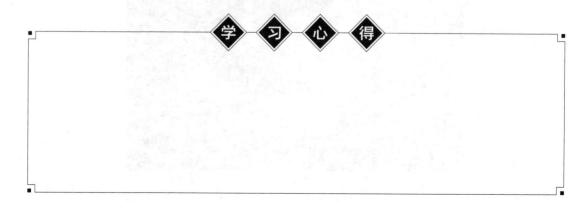

课后练习 制作字幕切换效果

下面将综合运用本章所学知识制作字幕切换效果，如图5-74所示。

图 5-74

1. 技术要点

- 新建项目序列后导入素材文件并调整素材；
- 在素材上添加视频过渡效果，使画面过渡更加自然；
- 新建文本并进行调整，在文本之间添加视频过渡效果使字幕切换自然。

2. 分步演示

如图5-75所示。

图 5-75

《五朵金花》

　　《五朵金花》是长春电影制片厂1959年制作的音乐爱情电影，由王家乙执导，杨丽坤、莫梓江、王苏娅等主演。该片讲述了白族青年阿鹏与副社长金花在大理三月街一见钟情，次年阿鹏走遍苍山洱海寻找金花，经过一次次误会之后，有情人终成眷属的爱情故事，如图5-76所示。

　　这部影片的视觉效果非常出色，通过高超的摄影技术和精细的画面构图，将充满云南魅力的自然风光和独特的民族风情展现的淋漓尽致，如图5-77所示为该片剧照。

　　在剪辑手法上，影片采用交叉剪辑的方式，将不同人物的故事线进行交叉剪辑，使得故事更加紧凑且有张力，结合极具民族特色的音乐，给观众带来了极佳的观影享受。

图 5-76

图 5-77

素材文件

第**6**章

影视编辑之视频效果

内容导读

视频效果可以丰富影视编辑的画面效果，使影视作品更具视觉吸引力。本章将对Premiere中视频效果的添加及应用进行讲解，包括视频效果的类型、编辑调整的操作等，关键帧的应用、蒙版的编辑处理等，常用视频效果等。

思维导图

影视编辑之视频效果

- 认识视频效果
  - 视频效果类型——内置和外挂视频效果
  - 编辑视频效果——调整视频效果
- 常用视频效果
  - "变换"视频效果组——变换素材
  - "图像控制"视频效果组——处理素材中的特定颜色
  - "实用程序"视频效果组——转换素材色彩
  - "扭曲"视频效果组——扭曲变形素材
  - "时间"视频效果组——控制素材的帧
  - "杂色与颗粒"视频效果组——添加杂色
  - "模糊与锐化"视频效果组——制作模糊或锐化效果
  - "生成"视频效果组——生成特殊效果
  - "视频"视频效果组——调整视频信息
  - "调整"视频效果组——调整素材效果
  - "过时"视频效果组——过时的视频效果
  - "过渡"视频效果组——制作过渡效果
  - "透视"视频效果组——制作空间透视效果
  - "通道"视频效果组——通过通道调整素材颜色
  - "键控"视频效果组——制作抠像效果
  - "颜色校正"视频效果组——校正素材颜色
  - "风格化"视频效果组——艺术化处理素材
- 关键帧和蒙版跟踪
  - 添加关键帧——制作动画效果
  - 关键帧插值——调整关键帧之间的过渡
  - 蒙版和跟踪效果——制作遮罩效果

6.1 认识视频效果

视频效果可以影响视频画面，使其呈现出更加精彩的视觉效果。在影视编辑过程中，用户可以为剪辑片段添加视频效果并进行设置。本小节将对Premiere软件中视频效果的应用进行说明。

6.1.1 案例解析——电脑屏幕内容替换

在学习Premiere视频效果知识之前，可以先看看以下案例，即使用"边角定位"视频效果和"超级键"视频效果替换电脑屏幕内容。

步骤 01 打开Premiere软件，新建项目和序列。按Ctrl+I组合键，打开"导入"对话框，导入本章视频素材文件，如图6-1所示。

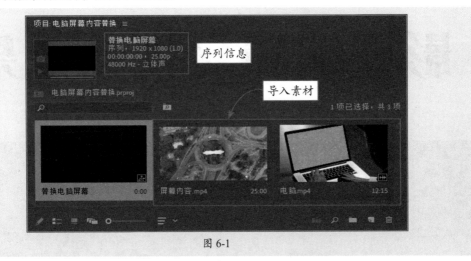

图 6-1

步骤 02 将"电脑.mp4"素材拖曳至"时间轴"面板的V2轨道中，右击鼠标，执行"取消链接"命令，取消链接并删除音频部分。在"效果"面板中搜索"超级键"视频效果，将其拖曳至V2轨道素材上，在"效果控件"面板中设置主要颜色为电脑屏幕中的绿色，效果如图6-2所示。

图 6-2

步骤 **03** 将"屏幕内容.mp4"素材拖曳至"时间轴"面板的V1轨道中，使用"剃刀工具"裁切素材至与V2轨道素材长度一致，删除多余部分，如图6-3所示。

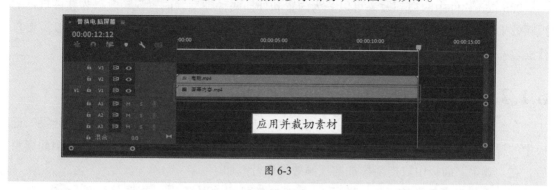

图 6-3

步骤 **04** 在"效果"面板中搜索"边角定位"视频效果，将其拖曳至V1轨道上，在"效果控件"面板中设置"左上"参数坐标，效果如图6-4所示。

图 6-4

步骤 **05** 使用相同的方法设置其他参数坐标，效果如图6-5所示。至此，完成电脑屏幕内容的替换。

图 6-5

6.1.2　视频效果类型——内置和外挂视频效果

Premiere软件中的视频效果可以分为内置和外挂两种类型。内置视频效果为软件自带的视频效果，打开软件即可应用；而外挂视频效果则为第三方提供的插件特效，一般需要自行安装。用户可以根据使用需要下载外挂视频效果进行安装应用。

6.1.3　编辑视频效果——调整视频效果

在编辑视频效果之前，需要先将视频效果添加至素材上。用户可以直接将"效果"面板中的视频效果拖曳至"时间轴"面板中的素材上；也可以选中"时间轴"面板中的素材后，在"效果"面板中双击要添加的视频效果进行添加。

选中添加视频效果的素材，即可在"效果控件"面板中对其进行调整。图6-6所示为添加"高斯模糊"视频效果后的"效果控件"面板。

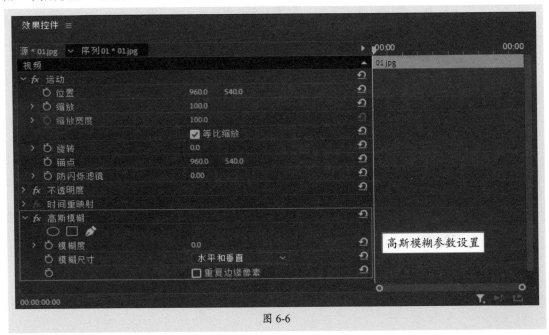

图 6-6

用户可以根据需要对添加的"高斯模糊"视频效果的参数进行设置。其中，"模糊度"参数用于设置模糊程度，"模糊尺寸"参数用于设置模糊方向，"重复边缘像素"参数可以防止周围像素丢失。

操作提示

不同的视频效果，其参数设置也不相同，用户可以根据需要进行设置。除了添加的视频效果外，"效果控件"面板中还包括一些固有属性，其作用如下。

● **运动**：用于设置素材的位置、缩放、旋转等参数。
● **不透明度**：用于设置素材的不透明度，制作叠加、淡化等效果。
● **时间重映射**：用于设置素材的播放速度。

6.2 关键帧和蒙版跟踪

关键帧是指具有关键状态的帧，两个状态不同的关键帧之间就形成了动画效果，而蒙版可以使效果仅在部分区域出现。结合关键帧和蒙版，可以制作出更具趣味性的影视效果。

6.2.1 案例解析——模糊屏幕画面

在学习关键帧和蒙版跟踪知识之前，可以先看看以下案例，即使用蒙版及关键帧制作屏幕画面模糊效果。

步骤 01 打开Premiere软件，新建项目和序列。按Ctrl+I组合键，打开"导入"对话框，导入本章视频素材文件，如图6-7所示。

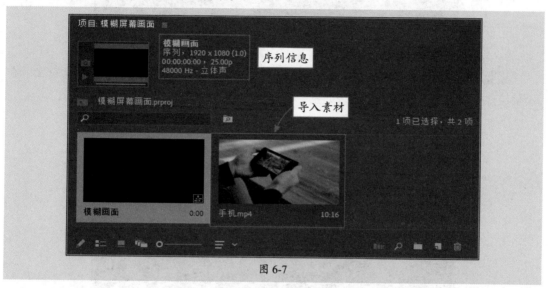

图 6-7

步骤 02 将素材文件拖曳至"时间轴"面板的V1轨道中，在"效果"面板中搜索"亮度与对比度（Brightness & Contrast）"视频效果并将其拖曳至V1轨道素材上，在"效果控件"面板中设置参数，效果如图6-8所示。

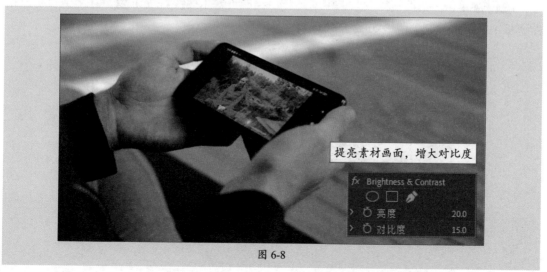

图 6-8

步骤 03 在"效果"面板中搜索"颜色平衡（HLS）"视频效果并将其拖曳至V1轨道素材上，在"效果控件"面板中设置参数，效果如图6-9所示。

图 6-9

步骤 04 在"效果"面板中搜索"高斯模糊"视频效果并将其拖曳至V1轨道素材上，在"效果控件"面板中设置参数，效果如图6-10所示。

图 6-10

步骤 05 单击"高斯模糊"效果中的"自由绘制贝塞尔曲线"按钮，在"节目"监视器面板中沿屏幕绘制蒙版，如图6-11所示。

图 6-11

步骤 06 移动播放指示器至00:00:00:00处，单击"蒙版路径"参数左侧的"切换动画"按钮 ⊙ ，添加关键帧；单击"蒙版路径"参数右侧的"向前跟踪所选蒙版"按钮 ▶ ，跟踪蒙版，软件将自动根据"节目"监视器面板中的内容调整蒙版并添加关键帧，如图6-12所示。

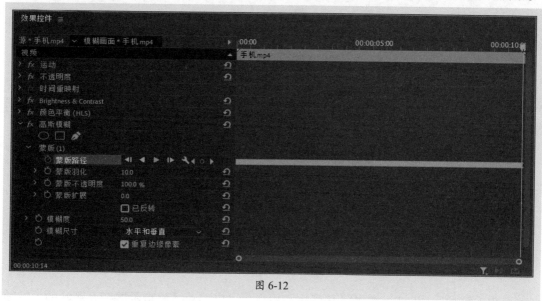

图 6-12

至此，完成模糊素材中手机屏幕画面的操作。

操作提示

部分效果不好的地方可手动调整蒙版路径。

6.2.2　添加关键帧——制作动画效果

选中"时间轴"面板中的素材，在"效果控件"面板中单击某一参数左侧的"切换动画"按钮 ⊙ ，即可在播放指示器所在处为该参数添加关键帧；移动播放指示器的位置，调整参数后软件将自动在该处添加关键帧。用户也可以单击"添加/移除关键帧"按钮 ⊙ ，在播放指示器所在处添加关键帧后再进行调整。图6-13所示为添加的"位置"关键帧。

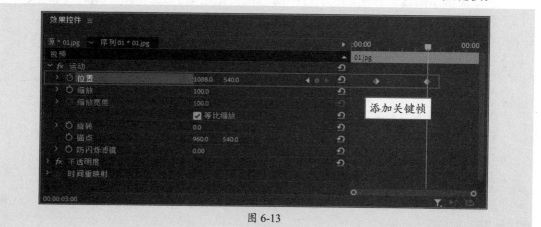

图 6-13

在添加固定效果（如位置、缩放、旋转等）关键帧时，可以在添加第一个关键帧后移动播放指示器，在"节目"监视器面板中双击素材，显示其控制框进行调整，调整后"效果控件"面板中同样会自动出现关键帧，如图6-14所示。

在"节目"监视器面板中通过控制框调整素材以添加关键帧

图 6-14

选中关键帧后按Delete键可将其删除，用户也可以移动播放指示器至要删除的关键帧处，单击该参数中的"添加/移除关键帧"按钮 ◎ 将其删除；若想删除某一参数的所有关键帧，可以单击该参数左侧的"切换动画"按钮 ◎ 实现。

6.2.3 关键帧插值——调整关键帧之间的过渡

关键帧插值可以调整关键帧之间的变化速率，使变化效果更加平滑自然。选中关键帧并右击鼠标，在弹出的快捷菜单中可执行相应的插值命令，如图6-15所示。这些插值命令的作用分别如下。

- **线性**：创建关键帧之间的匀速变化。
- **贝塞尔曲线**：创建自由变换的插值，用户可以手动调整方向手柄。
- **自动贝塞尔曲线**：创建通过关键帧的平滑变化速率。关键帧的值更改后，"自动贝塞尔曲线"方向手柄也会发生变化，以保持关键帧之间的平滑过渡。
- **连续贝塞尔曲线**：创建通过关键帧的平滑变化速率，且用户可以手动调整方向手柄。

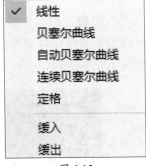

图 6-15

- **定格**：创建突然的变化效果，位于应用了定格插值的关键帧之后的图表显示为水平直线。
- **缓入**：减慢进入关键帧的值变化。
- **缓出**：逐渐加快离开关键帧的值变化。

设置关键帧插值后，可以展开相应的属性参数，在图表中调整手柄设置关键帧变化速率，如图6-16所示。

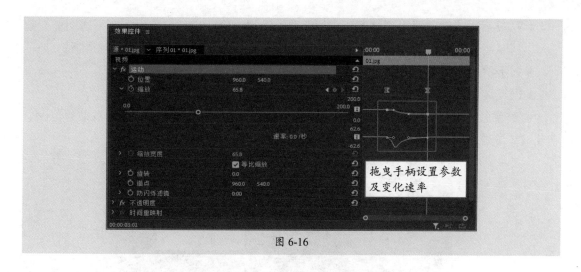

图 6-16

6.2.4 蒙版和跟踪效果——制作遮罩效果

蒙版可以将应用的效果局限在特定区域，制作出特殊的视觉效果；而蒙版跟踪则可以使蒙版自动跟随运动的对象，减轻操作负担。Premiere软件中包括"创建椭圆形蒙版" ⬤、"创建4点多边形蒙版" ▣ 和"自由绘制贝塞尔曲线" ✎ 三种形状的蒙版。

- **创建椭圆形蒙版** ⬤：单击该按钮，将在"节目"监视器面板中自动生成椭圆形蒙版，用户可以通过控制框对椭圆的大小、比例进行调整。
- **创建4点多边形蒙版** ▣：单击该按钮，将在"节目"监视器面板中自动生成4点多边形蒙版，用户可以通过控制框调整4点多边形的形状。
- **自由绘制贝塞尔曲线** ✎：单击该按钮，可在"节目"监视器面板中绘制自由的闭合曲线创建蒙版。

蒙版创建后，"效果控件"面板中将出现相应的蒙版参数，如图6-17所示。

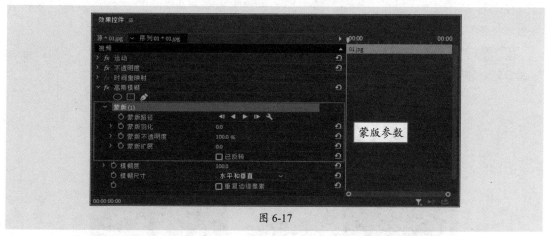

图 6-17

蒙版各参数的作用如下。

- **蒙版路径：** 用于添加关键帧设置跟踪效果。单击该参数中的不同按钮，可以设置向前或向后跟踪的效果。
- **蒙版羽化：** 用于柔化蒙版边缘。

- **蒙版不透明度：**用于调整蒙版的不透明度。当值为100时，蒙版完全不透明并会遮挡图层中位于其下方的区域。不透明度数值越小，蒙版下方的区域就越清晰。
- **蒙版扩展：**用于扩展蒙版范围。正值将外移边界，负值将内移边界。
- **已反转：**选择该复选框将反转蒙版范围。

创建蒙版后用户还可以在"节目"监视器面板中通过控制框手柄直接设置蒙版范围、羽化值等参数，如图6-18所示。

图 6-18

6.3 常用视频效果

Premiere软件中包括多组内置的视频效果，用户可以通过这些效果丰富影视画面，制作出风格各异的影视作品。下面将对部分常用的视频效果进行说明。

6.3.1 案例解析——玻璃划过效果

在学习常用视频效果知识之前，可以先看看以下案例，即使用"轨道遮罩键"视频效果和"投影"视频效果制作玻璃划过效果。

步骤 01 打开Premiere软件，新建项目和序列。按Ctrl+I组合键，打开"导入"对话框，导入本章音视频素材文件，如图6-19所示。

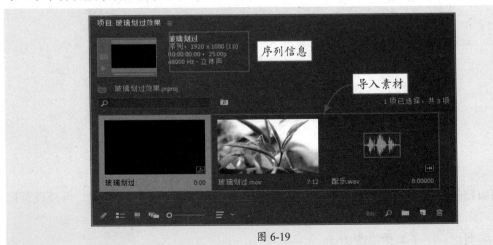

图 6-19

步骤 02 将视频素材拖曳至"时间轴"面板的V1轨道中,然后按住Alt键向上拖曳复制至V2轨道中,如图6-20所示。

图 6-20

步骤 03 使用"矩形工具"在"节目"监视器面板中绘制一个矩形,然后旋转调整,效果如图6-21所示。此时V3轨道自动出现矩形素材,调整矩形素材的持续时间与V1、V2轨道素材一致。

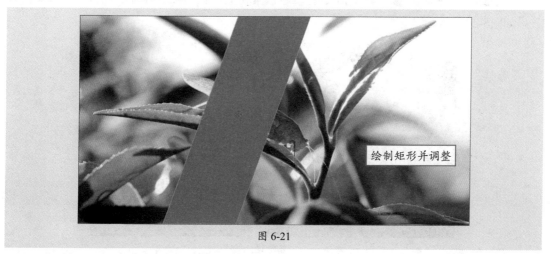

图 6-21

步骤 04 在"效果"面板中搜索"轨道遮罩键"视频效果,将其拖曳至V2轨道素材上,在"效果控件"面板中设置"缩放"参数为120,"遮罩"为视频3,效果如图6-22所示。

图 6-22

步骤 05 在"效果"面板中搜索"投影"效果，将其拖曳至V2轨道素材上，在"效果控件"面板中设置参数，效果如图6-23所示。

图 6-23

步骤 06 再次将"投影"效果拖曳至V2轨道素材上，在"效果控件"面板中设置参数，效果如图6-24所示。

图 6-24

步骤 07 在"效果"面板中搜索"颜色平衡（HLS）"视频效果并将其拖曳至V2轨道素材上，在"效果控件"面板中设置参数，效果如图6-25所示。

图 6-25

步骤 08 在"效果"面板中搜索"变换"视频效果并将其拖曳至V3轨道素材上,移动播放指示器至00:00:00:00处,在"效果控件"面板中,单击"变换"效果"位置"参数左侧的"切换动画"按钮 ⚪ 添加关键帧,调整数值使矩形向左移出画面,效果如图6-26所示。

图 6-26

步骤 09 移动播放指示器至00:00:03:00处,调整"位置"参数,软件将自动添加关键帧,效果如图6-27所示。

图 6-27

步骤 10 移动播放指示器至00:00:04:00处,调整"位置"参数,软件将自动添加关键帧,效果如图6-28所示。

图 6-28

步骤 11 移动播放指示器至00:00:07:00处，调整"位置"参数将矩形向右移出画面，软件将自动添加关键帧，效果如图6-29所示。

图 6-29

步骤 12 选中所有关键帧，右击鼠标，执行"临时插值"|"缓入"和"临时插值"|"缓出"命令，使运动更加平滑。将音频素材拖曳至A1轨道中，调整其持续时间与V1轨道素材一致，如图6-30所示。

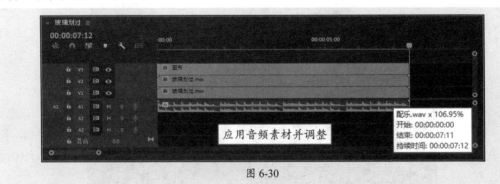

图 6-30

步骤 13 至此，完成玻璃划过效果的制作。按Enter键，渲染入点至出点的效果。渲染完成后，在"节目"监视器面板中预览效果，如图6-31所示。

图 6-31

6.3.2 "变换"视频效果组——变换素材

"变换"视频效果组可以变换素材，使其产生翻转、羽化等变化。该效果组中包括"垂直翻转""水平翻转""羽化边缘""自动重构"和"裁剪"五种效果。

1. 垂直翻转

"垂直翻转"效果可以在垂直方向上翻转素材。将"效果"面板中的"垂直翻转"视频效果拖曳至"时间轴"面板中的素材上，即可翻转该素材，如图6-32所示。

图 6-32

2. 水平翻转

"水平翻转"视频效果与"垂直翻转"视频效果类似，只是在水平方向翻转素材。图6-33所示为"水平翻转"视频效果。

图 6-33

3. 羽化边缘

"羽化边缘"效果可以虚化素材边缘。将"羽化边缘"效果拖曳至"时间轴"面板中的素材上，在"效果控件"面板中设置"数量"参数即可制作出边缘羽化的效果，如图6-34所示。

图 6-34

4. 自动重构

"自动重构"效果可以智能识别视频中的动作，并针对不同的长宽比重构剪辑，多用于序列设置与素材不匹配的情况。将横版素材放置在竖版序列中，选中"自动重构"视频效果并将其拖曳至"时间轴"面板中的素材上，软件将自动重新构图，如图6-35所示。

图 6-35

操作提示

自动重构后，若对效果不满意，还可在"效果控件"面板中进行调整。

5. 裁剪

"裁剪"效果可以从画面的四个方向向内剪切素材，使其仅保留中心部分内容。将"裁剪"效果拖曳至"时间轴"面板中的素材上，在"效果控件"面板中设置参数即可裁剪素材。图6-36所示为"效果控件"面板中的"裁剪"效果参数。

图 6-36

"裁剪"效果各参数的作用如下。

- **左侧/顶部/右侧/底部**：用于设置各方向的裁剪量，数值越大，裁剪量越多。
- **缩放**：选择该复选框，将缩放素材，使其满画面显示。
- **羽化边缘**：用于设置裁剪后的边缘羽化程度。

6.3.3 "图像控制"视频效果组——处理素材中的特定颜色

"图像控制"视频效果组可以处理素材中的特定颜色。该效果组中包括"颜色过滤（Color Pass）""颜色替换（Color Replace）""灰度系数校正（Gamma Correction）"和"黑白"四种效果。

1. 颜色过滤（Color Pass）

"颜色过滤"视频效果可以仅保留指定的颜色，使其他颜色呈灰色显示或仅使指定的颜色呈灰色显示而保留其他颜色。将该效果拖曳至素材上后，在"效果控件"面板中吸取颜色，即可仅保留该颜色，如图6-37所示。选择"反转"复选框，可使指定的颜色呈灰色显示而保留其他颜色。

图 6-37

2. 颜色替换（Color Replace）

"颜色替换"效果可以替换素材中指定的颜色，且保持其他颜色不变。将"颜色替换"效果拖曳至素材上，在"效果控件"面板中设置要替换的颜色和替换后的颜色即可。图6-38所示为替换效果。

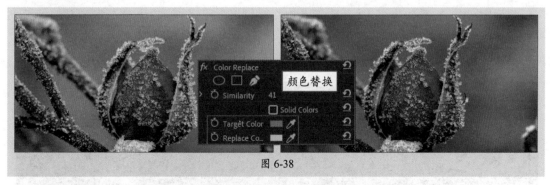

图 6-38

3. 灰度系数校正（Gamma Correction）

"灰度系数校正"效果可以在不改变图像亮部的情况下使图像变暗或变亮。将"灰度系数校正"效果拖曳至素材上，在"效果控件"面板中设置参数即可。图6-39所示为调整效果。

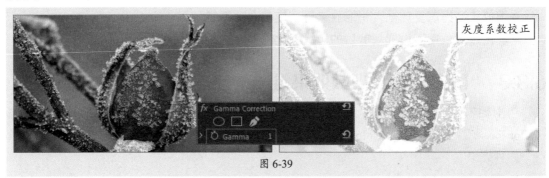

图 6-39

操作提示

　　Gamma参数的数值越高，图像越暗；数值越低，图像越亮。

4. 黑白

　　"黑白"效果可以去除素材的颜色信息，使其显示为黑白图像。将"黑白"视频效果拖曳至素材上即可，效果如图6-40所示。

图 6-40

6.3.4　"实用程序"视频效果组——转换素材色彩

　　"实用程序"视频效果组中仅包括Cineon一种视频效果，该效果可以控制素材的色彩转换，多用于将运动图片电影转换为数字电影。将该效果拖曳至素材上后，可以在"效果控件"面板中调整参数，调整效果如图6-41所示。

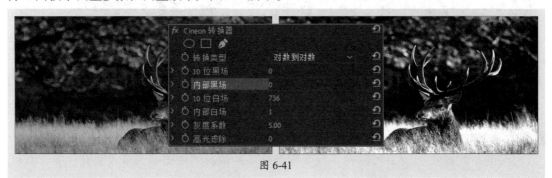

图 6-41

6.3.5 "扭曲"视频效果组——扭曲变形素材

"扭曲"视频效果组可以扭曲变形素材。该效果组中包括"镜头扭曲（Lens Distortion）""偏移"等十二种效果。

1. 镜头扭曲（Lens Distortion）

"镜头扭曲"视频效果可以使素材在水平和垂直方向发生镜头畸变。将该效果拖曳至"时间轴"面板中的素材上，在"效果控件"面板中设置参数，即可在"节目"监视器面板中观察到扭曲效果，如图6-42所示。

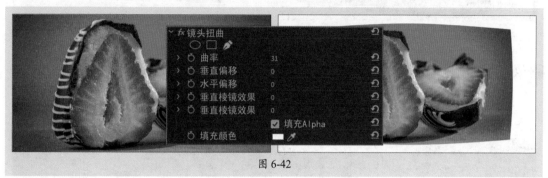

图 6-42

2. 偏移

"偏移"视频效果可以使素材在水平或垂直方向产生位移。将该效果拖曳至素材上，在"效果控件"面板中设置参数即可，如图6-43所示。

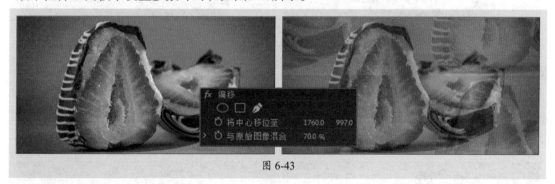

图 6-43

3. 变形稳定器

"变形稳定器"效果可以消除素材中因摄像机移动造成的抖动，使素材流畅稳定。

4. 变换

"变换"效果类似于素材的固有属性，可以设置素材的位置、大小、角度、不透明度等参数。图6-44所示为"变换"效果的参数。

图 6-44

调整"效果控件"面板中的"变换"效果参数,即可在"节目"监视器面板中观察到效果,如图6-45所示。

图 6-45

5. 放大

"放大"效果可以模拟放大镜放大素材局部。将该效果拖曳至素材上,在"效果控件"面板中设置参数,即可在"节目"监视器面板中观察到效果,如图6-46所示。

图 6-46

6. 旋转扭曲

"旋转扭曲"效果可以使对象围绕设置的旋转中心发生旋转变形。将该效果拖曳至素材上,在"效果控件"面板中设置参数,即可在"节目"监视器面板中观察到效果,如图6-47所示。

图 6-47

7. 果冻效应修复

"果冻效应修复"效果可以修复由于时间延迟导致的录制不同步的果冻效应扭曲。

8. 波形变形

　　"波形变形"视频效果可以模拟出波纹扭曲的动态。将该效果拖曳至素材上，在"效果控件"面板中设置波形类型、波形尺寸、波形素材等参数，即可制作出波纹变形的效果，如图6-48所示。

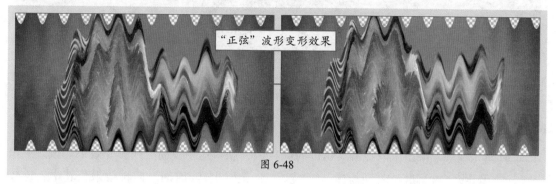

"正弦"波形变形效果

图 6-48

9. 湍流置换

　　"湍流置换"效果可以使素材在多个方向上发生扭曲变形。将该效果拖曳至素材上，在"效果控件"面板中设置参数后，即可在"节目"监视器面板中观察到湍流置换的效果，如图6-49所示。用户可以结合关键帧制作图像不断扭动的效果。

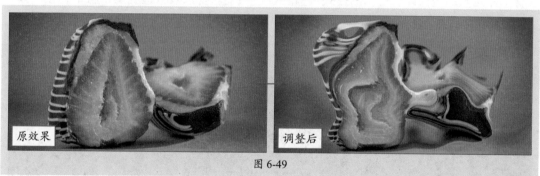

原效果　　调整后

图 6-49

10. 球面化

　　"球面化"效果可以模拟球面的凸起。将该效果拖曳至素材上，在"效果控件"面板中设置球面中心及半径参数，即可制作出球面化效果。

11. 边角定位

　　"边角定位"效果可以自定义图像的四个边角位置。添加该效果后，在"效果控件"面板中设置四个边角坐标即可。

12. 镜像

　　"镜像"效果可以根据反射中心和反射角度对称翻转素材，使其产生镜像效果。将该效果拖曳至素材上，在"效果控件"面板中设置反射中心及反射角度参数，即可制作出镜像效果，如图6-50所示。

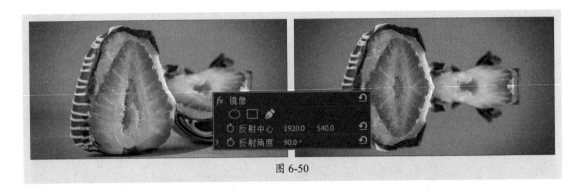

图 6-50

6.3.6 "时间"视频效果组——控制素材的帧

"时间"视频效果组可以控制素材的时间特效，制作运动模糊、残影等效果。该效果组中包括"像素运动模糊""时间扭曲""残影"和"色调分离时间"四种效果，其中，比较常用的是"残影"和"色调分离时间"两种效果。

1. 残影

"残影"效果可以制作运动对象的重影，即通过混合运动素材中不同帧的像素，将运动素材中前几帧的图像以半透明的形式覆盖在当前帧上。将该效果拖曳至素材上，在"效果控件"面板中设置参数，即可在"节目"监视器面板中预览效果，如图6-51所示。

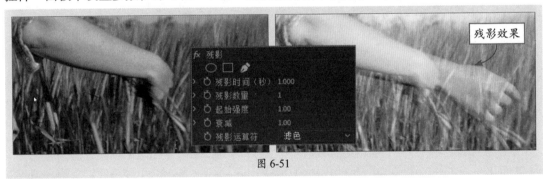

图 6-51

操作提示

默认情况下，应用残影效果时将忽略所有事先应用的效果。

2. 色调分离时间

"色调分离时间"可以制作自然的抽帧卡顿效果，用户可以通过降低帧速率制作抽帧效果。

6.3.7 "杂色与颗粒"视频效果组——添加杂色

"杂色与颗粒"视频效果组中仅包括"杂色"一种视频效果，该效果可以在图像上添加噪点。将该效果拖曳至素材上，在"效果控件"面板中设置杂色数量等参数，即可在"节目"监视器面板中观察效果，如图6-52所示。

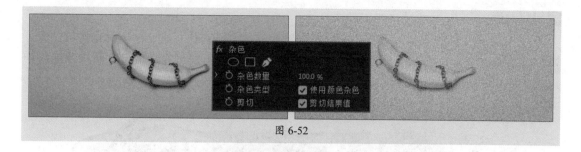

图 6-52

6.3.8　"模糊与锐化"视频效果组——制作模糊或锐化效果

　　"模糊与锐化"视频效果组中的效果可以通过调节素材图像间的差异，模糊图像，使其更加柔化；或锐化图像，使纹理更加清晰。该效果组中包括"相机模糊（Camera Blur）""方向模糊""锐化"等六种效果。

1. 相机模糊（Camera Blur）

　　"相机模糊"效果可以模拟离开相机焦点范围的图像模糊。将该效果拖曳至素材上，即可在"节目"监视器面板中观看相机模糊效果，如图6-53所示。用户还可以在"效果控件"面板中设置模糊量自定义模糊效果。

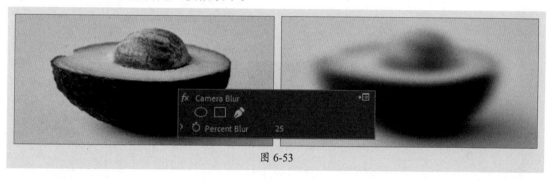

图 6-53

2. 减少交错闪烁

　　"减少交错闪烁"效果可以减少高纵向频率，多用于处理交错素材。

3. 方向模糊

　　"方向模糊"效果可以制作出指定方向上的模糊。将该效果拖曳至素材上，在"效果控件"面板中设置方向和模糊长度参数，即可在"节目"监视器面板中观察到模糊效果，如图6-54所示。

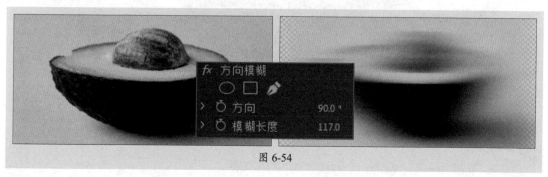

图 6-54

4. 钝化蒙版

"钝化蒙版"效果可以通过提高素材画面中相邻像素的对比程度，清晰锐化素材图像。将该效果拖曳至素材上，在"效果控件"面板中设置参数，即可在"节目"监视器面板中观察到效果，如图6-55所示。

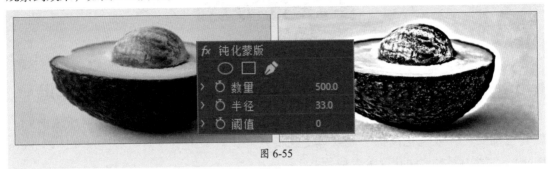

图 6-55

5. 锐化

"锐化"效果可以增强图像颜色间的对比度，从而使图像更清晰。将该效果拖曳至素材上，在"效果控件"面板中设置参数，即可在"节目"监视器面板中观察到效果，如图6-56所示。

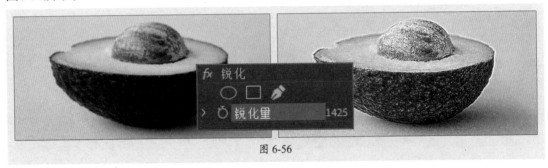

图 6-56

6. 高斯模糊

"高斯模糊"效果可以降低图像细节，柔化素材对象，是一种较为常用的模糊效果。将该效果拖曳至素材上，在"效果控件"面板中设置模糊度和模糊尺寸参数，即可在"节目"监视器面板中观察到效果，如图6-57所示。

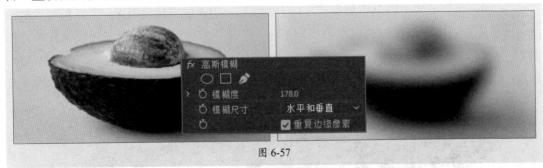

图 6-57

操作提示

选中"重复边缘像素"复选框，可以避免素材边缘细节缺失。

6.3.9 "生成"视频效果组——生成特殊效果

"生成"视频效果组可以生成一些特殊效果,丰富影片画面内容。该效果组中包括"四色渐变""渐变""镜头光晕"和"闪电"四种效果。

1. 四色渐变

"四色渐变"效果可以用四种颜色的渐变覆盖整个画面,用户可以在"效果控件"面板中设置四个颜色点的坐标、颜色、混合等参数。图6-58所示为"四色渐变"效果参数。

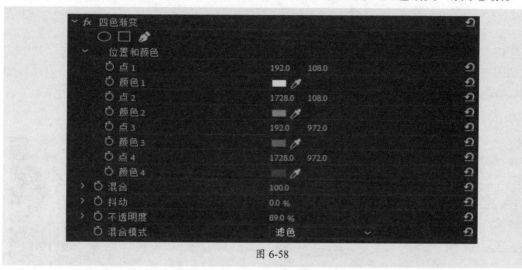

图 6-58

调整"效果控件"面板中的"四色渐变"效果参数,即可在"节目"监视器面板中观察到效果,如图6-59所示。

图 6-59

2. 渐变

"渐变"效果可以在素材画面中添加双色渐变。将该效果拖曳至素材上,在"效果控件"面板中设置渐变颜色及坐标等参数即可。

3. 镜头光晕

"镜头光晕"效果可以模拟制作镜头拍摄的强光折射。将该效果拖曳至素材上,即可在"节目"监视器面板中观察到镜头光晕效果,如图6-60所示。用户还可以在"效果控件"面板中进行细致的调整,以满足制作需要。

图 6-60

4. 闪电

"闪电"效果可以模拟制作出闪电。将该效果拖曳至素材上，即可在"节目"监视器面板中观察到闪电效果。用户还可以在"效果控件"面板中细致地调整，以满足制作需要。图6-61所示为调整前后的效果。

图 6-61

6.3.10 "视频"视频效果组——调整视频信息

"视频"视频效果组中的效果可以调整视频信息。该效果组中包括"SDR遵从情况"和"简单文本"两种效果。

1. SDR 遵从情况

"SDR遵从情况"效果适用于将HDR媒体转换为SDR的情况，添加该效果后可以对素材的亮度、对比度等进行设置。图6-62所示为"SDR遵从情况"效果的参数。

图 6-62

2. 简单文本

"简单文本"效果可以在素材画面中添加简单的文本，用户可以在"效果控件"面板中设置文本内容、文本位置、大小、不透明度等参数，如图6-63所示。

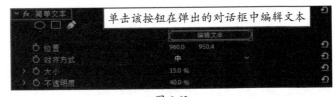

图 6-63

6.3.11　"调整"视频效果组——调整素材效果

　　"调整"视频效果组中的效果可以修复原始素材在曝光、色彩等方面的不足，也可用于制作特殊的色彩效果。该效果组中包括"提取（Extract）"、"色阶（Levels）"、ProcAmp和"光照效果"四种效果。

1. 提取（Extract）

　　"提取"效果可以去除素材颜色，使其呈黑白图像显示。将该效果拖曳至素材上，即可在"节目"监视器面板中观察效果，如图6-64所示。

图 6-64

2. 色阶（Levels）

　　"色阶"效果是通过调整RGB通道的色阶来改变图像效果。添加该效果后，在"效果控件"面板中设置参数，即可在"节目"监视器面板中预览效果，如图6-65所示。

图 6-65

3. ProcAmp

　　ProcAmp效果可以模拟标准电视设备上的处理放大器，调节素材图像整体的亮度、对比度、饱和度等参数。添加该效果后，在"效果控件"面板中设置参数，即可在"节目"监视器面板中预览效果，如图6-66所示。

图 6-66

4. 光照效果

"光照效果"可以模拟灯光打在素材上的效果。添加该效果后即可在"节目"监视器面板中观察效果。用户也可以在"效果控件"面板中进行调整，图6-67所示为"光照效果"的参数。其中，"凹凸层"参数可以使用其他素材中的纹理或图案产生特殊光照效果。

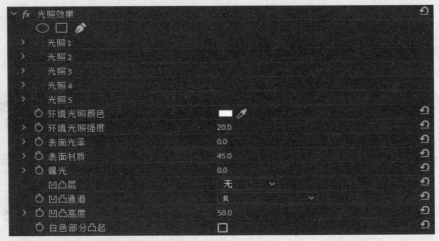

图 6-67

6.3.12 "过时"视频效果组——过时的视频效果

"过时"视频效果组是旧版本Premiere软件中被保留下来的、效果较好的视频效果。本小节将对其中常用的一些效果进行说明。

1. RGB 曲线

"RGB曲线"效果类似于Photoshop软件中的"曲线"命令，可以通过设置不同颜色通道的曲线调整画面显示效果。添加该效果后，在"效果控件"面板中设置参数，即可在"节目"监视器面板中观察效果，如图6-68所示。

图 6-68

2. 书写

"书写"效果多用于制作手写效果，一般与关键帧搭配使用，图6-69所示为"书写"效果的参数。用户可以嵌套素材后，通过设置"画笔位置"关键帧并记录运动路径制作出书写效果。

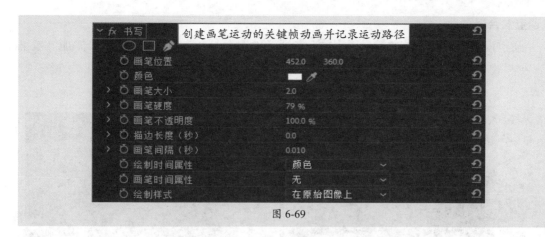

图 6-69

3. 圆形

"圆形"效果可以在素材中生成一个圆形或圆环。添加该效果后，素材画面中将出现一个默认的圆形，在"效果控件"面板中可以对圆形的参数进行设置。图6-70所示为"圆形"效果的参数。

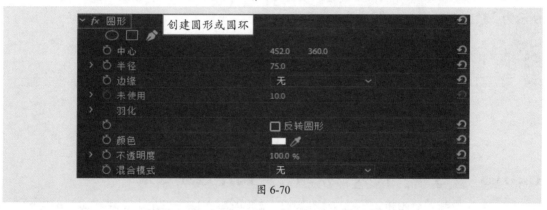

图 6-70

4. 时间码

"时间码"效果可以为素材添加时间码信息，即为特定的帧添加唯一的地址标记。将该效果拖曳至素材上即可添加时间码信息，在"效果控件"面板中还可以设置时间码的显示。图6-71所示为"时间码"效果的参数。

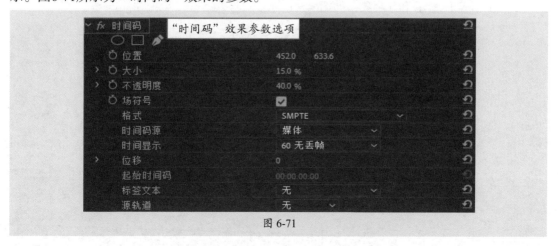

图 6-71

5. 通道混合器

"通道混合器"效果是通过使用当前颜色通道的混合组合来修改颜色通道。添加该效果后，在"效果控件"面板中设置参数，即可在"节目"监视器面板中观察效果，如图6-72所示。

图 6-72

6. 颜色平衡（HLS）

"颜色平衡（HLS）"效果是通过设置色相、亮度及饱和度调整画面的显示效果。图6-73所示为"颜色平衡（HLS）"效果的参数。

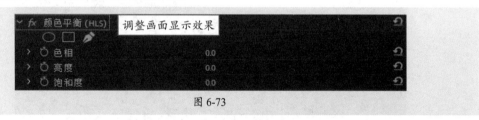

图 6-73

6.3.13 "过渡"视频效果组——制作过渡效果

"过渡"视频效果组可以结合关键帧制作过渡效果。该效果组中包括"块溶解""渐变擦除"和"线性擦除"三种效果。

1. 块溶解

"块溶解"类似于"随机块"视频过渡效果，可以设置添加该效果的素材以随机小方块的形式溶解，从而显示下方对象，如图6-74所示。

图 6-74

在"效果控件"面板中可以设置过渡完成度、块大小等参数，如图6-75所示。在制作过渡效果时，用户可以通过添加"过渡完成"参数关键帧制作过渡变化的效果。

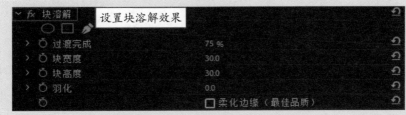

图 6-75

2. 渐变擦除

"渐变擦除"效果可以基于设置视频轨道中的像素的明亮度使素材消失。添加该效果后，在"效果控件"面板中设置参数，即可在"节目"监视器面板中观察效果，如图6-76所示。

图 6-76

3. 线性擦除

"线性擦除"效果可以沿指定的方向擦除当前素材。添加该效果后，在"效果控件"面板中设置参数，即可在"节目"监视器面板中观察效果，如图6-77所示。

图 6-77

6.3.14 "透视"视频效果组——制作空间透视效果

"透视"视频效果组可以制作空间透视效果。该效果组中包括"基本3D"和"投影"两种效果。

1. 基本 3D

"基本3D"效果可以模拟平面图像在3D空间中运动的效果，用户可以围绕水平、垂直轴旋转素材，或移动素材。添加该效果后，在"效果控件"面板中设置参数，即可在"节目"监视器面板中预览效果，如图6-78所示。

原效果　　调整后

图 6-78

2. 投影

"投影"效果可以制作图像阴影。添加该效果后，在"效果控件"面板中设置参数，即可在"节目"监视器面板中预览效果，如图6-79所示。

原效果　　调整后

图 6-79

在"效果控件"面板中还可以对投影效果进行设置，如图6-80所示为"投影"效果的参数。

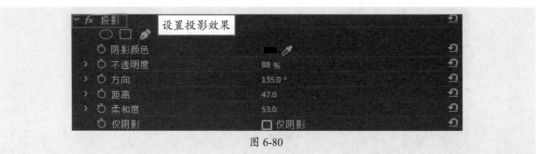

图 6-80

6.3.15 "通道"视频效果组——通过通道调整素材颜色

"通道"视频效果组中仅包括"反转"一种效果。该效果可以反转图像的颜色信息，如图6-81所示。

图 6-81

在"效果控件"面板中可以对"反转"效果进行设置，如图6-82所示为"反转"效果的参数。其中"声道"参数可以设置反转的通道；"与原始图像混合"参数可以设置与原图像的混合程度。

图 6-82

6.3.16 "键控"视频效果组——制作抠像效果

"键控"视频效果组中的效果可以制作抠像或合成。该效果组中包括"Alpha调整""亮度键""超级键"等五种效果。

1. Alpha 调整

"Alpha调整"效果可以将上层图像中的Alpha通道设置遮罩叠加效果，还可以代替不透明度效果，多用于透明背景素材。添加该效果后，在"效果控件"面板中设置参数，即可在"节目"监视器面板中预览效果，如图6-83所示。

图 6-83

在"效果控件"面板中可以对"Alpha调整"效果的参数进行设置，如图6-84所示。其中，"不透明度"参数可以设置素材不透明度，"忽略Alpha"复选框可以使素材的透明部分变为不透明，"反转Alpha"复选框可以反转透明和不透明区域，"仅蒙版"复选框将保留不透明区域并使其变为蒙版。

图 6-84

2. 亮度键

"亮度键"效果可用于抠取图层中具有指定亮度的区域。添加该效果后，在"效果控件"面板中设置阈值和屏蔽度参数即可。

3. 超级键

"超级键"效果非常实用，它可以指定图像中的颜色范围生成遮罩。添加该效果后在"效果控件"面板中设置参数即可，如图6-85所示。设置主要颜色参数后，即可在"节目"监视器面板中观察效果，也可以设置其他参数进行精细调整。

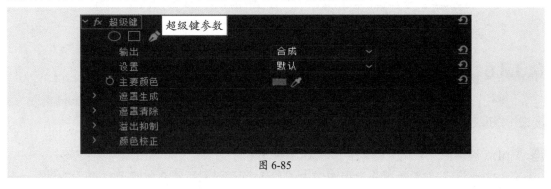

图 6-85

4. 轨道遮罩键

"轨道遮罩键"效果可以使用上层轨道中的图像遮罩当前轨道中的素材。添加该效果后，在"效果控件"面板中设置遮罩轨道等参数即可。图6-86所示为"轨道遮罩键"效果的参数。

图 6-86

5. 颜色键

"颜色键"效果可以去除图像中指定的颜色。添加该效果后,在"效果控件"面板中设置参数,即可在"节目"监视器面板中观察效果,如图6-87所示。

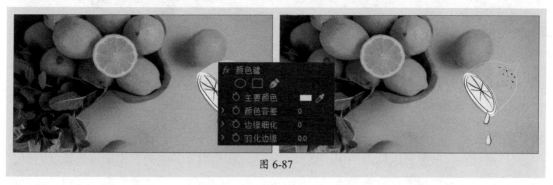

图 6-87

6.3.17 "颜色校正"视频效果组——校正素材颜色

"颜色校正"视频效果组中的效果可以校正素材颜色,实现调色功能。该效果组中包括"亮度与对比度""色彩"等七种效果。

1. ASC CDL

ASC CDL效果可以通过调整素材图像的红、绿、蓝通道的参数及饱和度校正素材图像。添加该效果后,在"效果控件"面板中设置参数,即可在"节目"监视器面板中观察效果,如图6-88所示。

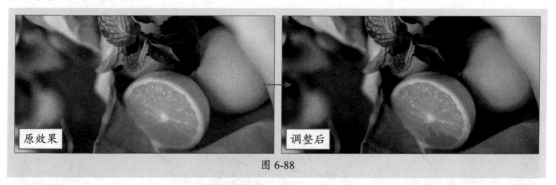

原效果 调整后

图 6-88

2. 亮度与对比度(Brightness & Contrast)

"亮度与对比度"是通过调整亮度和对比度参数调整素材图像的显示效果。添加该效果后,在"效果控件"面板中设置亮度及对比度参数即可。

3. Lumetri 颜色

"Lumetri颜色"效果的功能较为强大,可提供专业质量的颜色分级和颜色校正工具,是一个综合性的颜色校正效果。添加该效果后,在"效果控件"面板中设置参数,即可在"节目"监视器面板中观察效果,如图6-89所示。

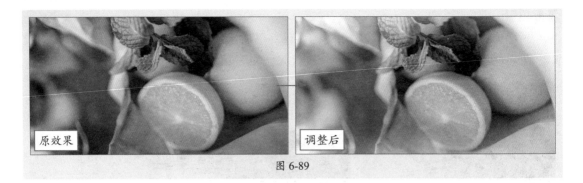

图 6-89

4. 广播颜色

"广播颜色"效果可以调出用于广播级别（即电视输出）的颜色。添加该效果后，可在"效果控件"面板中设置相应的参数，如图6-90所示。设置完成后，即可在"节目"监视器面板中观察效果。

图 6-90

5. 色彩

"色彩"效果类似于Photoshop软件中的渐变映射，可以将相同的图像灰度范围映射到指定的颜色，即在图像中将阴影映射到一个颜色，高光映射到另一个颜色，而中间调映射到两个颜色之间。添加该效果后，即可在"节目"监视器面板中观察效果，如图6-91所示。用户也可以在"效果控件"面板中重新设置映射颜色，制作不同的效果。

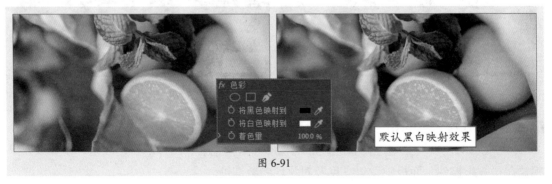

图 6-91

6. 视频限制器

"视频限制器"效果可以限制素材图像的RGB值以满足HDTV数字广播规范的要求。图6-92所示为"视频限制器"效果的参数。其中，"剪辑层级"参数可以指定输出范围，"剪切前压缩"参数可以在硬剪辑之前将颜

图 6-92

色移入规定范围，"色域警告颜色"参数可以指定色域警告颜色。

7. 颜色平衡

"颜色平衡"效果是通过更改图像阴影、中间调和高光中的红、绿、蓝色所占的比例调整画面效果。

6.3.18 "风格化"视频效果组——艺术化处理素材

"风格化"视频效果组可以制作艺术化效果，使素材图像产生独特的艺术风格。该效果组中包括"Alpha发光""复制""查找边缘"等九种效果。

1. Alpha 发光

"Alpha发光"效果可以在蒙版Alpha通道的边缘添加单色或双色过渡的发光。添加该效果后，在"效果控件"面板中设置参数，即可在"节目"监视器面板中观察效果，如图6-93所示。

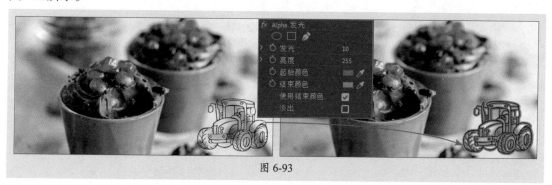

图 6-93

2. 复制（Replicate）

"复制"效果可以复制并平铺素材图像。添加该效果后，在"效果控件"面板中设置数量，即可在"节目"监视器面板中观察效果，如图6-94所示。

图 6-94

3. 彩色浮雕

"彩色浮雕"效果可以锐化图像中对象的边缘制作出浮雕。添加该效果后，即可在"节目"监视器面板中观察效果，同时还可以在"效果控件"面板中进行设置。

4. 查找边缘

"查找边缘"效果可以识别素材图像中有明显过渡的图像区域并突出边缘，制作线条图。添加该效果后，即可在"节目监视器"面板中观察效果，如图6-95所示。

图 6-95

5. 画笔描边

"画笔描边"效果可以模拟制作出粗糙的绘画外观。添加该效果后，在"效果控件"面板中可以对其参数进行设置，如图6-96所示。设置参数后，即可在"节目"监视器面板中观察到设置完成后的效果。

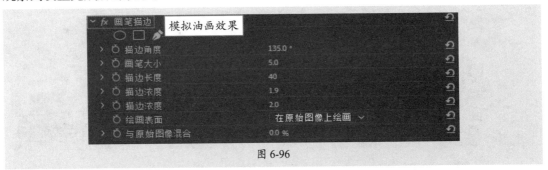

图 6-96

6. 粗糙边缘

"粗糙边缘"效果可以粗糙化素材图像的边缘。添加该效果后，在"效果控件"面板中设置参数，即可在"节目"监视器面板中观察效果，如图6-97所示。

图 6-97

7. 色调分离

"色调分离"效果可以简化素材图像中具有丰富色阶变化的颜色，使图像呈现出木刻版画或卡通画的效果。

8. 闪光灯

"闪光灯"效果可以模拟闪光灯制作出播放闪烁的效果。添加该效果后，播放视频即可观察效果。在"效果控件"面板中还可对闪光灯的颜色、持续时间等参数进行设置，如图6-98所示。

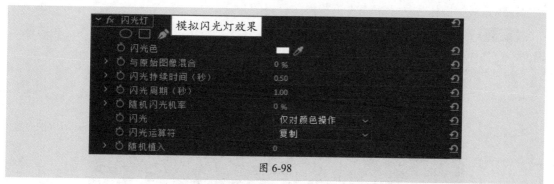

图 6-98

9. 马赛克

"马赛克"效果是使用纯色矩形填充素材，像素化原始图像。添加该效果后，即可在"节目"监视器面板中观察效果，如图6-99所示。用户还可以在"效果控件"面板中设置矩形块在水平和垂直方向上的数量，以调整马赛克效果。

图 6-99

学 习 心 得

课堂实战 制作影片片尾

本章课堂实战练习制作影片片尾，目的是综合运用本章的知识点，以熟练掌握和巩固添加视频效果的操作方法。下面将进行操作思路的介绍。

步骤 01 打开Premiere软件，新建项目和序列。按Ctrl+I组合键，打开"导入"对话框，导入本章音视频素材文件，如图6-100所示。

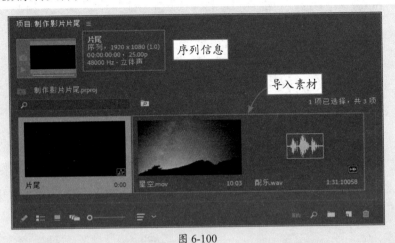

图 6-100

步骤 02 将视频素材拖曳至"时间轴"面板的V1轨道中，然后按住Alt键将其向上拖曳复制至V2轨道中，如图6-101所示。

图 6-101

步骤 03 在"效果"面板中搜索"基本3D"视频效果，将其拖曳至V2轨道素材上。移动播放指示器至00:00:00:00处，在"效果控件"面板中单击"运动"效果"位置"参数及"基本3D"效果"旋转"和"与图像的距离"参数左侧的"切换动画"按钮，添加关键帧，如图6-102所示。

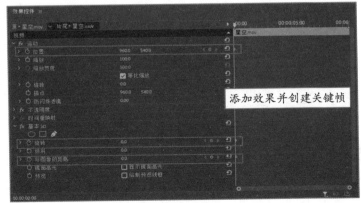

图 6-102

步骤 04 移动播放指示器至00:00:02:00处，调整"运动"效果"位置"参数、"基本3D"效果"旋转"和"与图像的距离"参数，软件将自动添加关键帧，如图6-103所示。选中所有关键帧，右击鼠标并执行"临时插值"|"缓入"和"临时插值"|"缓出"命令，使运动更加平滑。

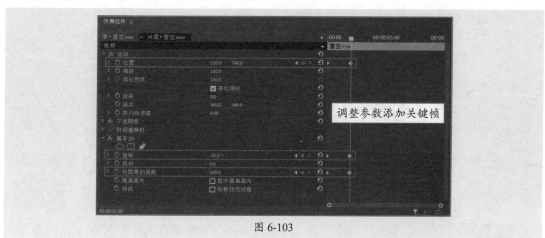

图 6-103

步骤 05 在"效果"面板中搜索"投影"视频效果，将其拖曳至V2轨道素材上，在"效果控件"面板中设置参数，效果如图6-104所示。

图 6-104

步骤 06 再次添加"投影"效果至V2轨道素材上，并设置参数，效果如图6-105所示。

图 6-105

步骤 **07** 在"时间轴"面板中单击V2轨道中的"切换轨道输出"按钮 ，隐藏V2轨道内容。在"效果"面板中搜索"高斯模糊"视频效果，将其拖曳至V1轨道素材上，移动播放指示器至00:00:00:00处，单击"模糊度"参数左侧的"切换动画"按钮 添加关键帧；移动播放指示器至00:00:02:00处，调整"模糊度"参数，软件将自动添加关键帧。在"节目"监视器面板中预览效果，如图6-106所示。

图 6-106

步骤 **08** 在"效果"面板中搜索"颜色平衡（HLS）"视频效果并将其拖曳至V1轨道素材上，移动播放指示器至00:00:00:00处，单击"饱和度"参数左侧的"切换动画"按钮 添加关键帧；移动播放指示器至00:00:02:00处，调整"饱和度"参数，软件将自动添加关键帧。在"节目"监视器面板中预览效果，如图6-107所示。

图 6-107

步骤 **09** 打开本章素材文件"演职人员表.txt"，按Ctrl+A组合键全选文字，按Ctrl+C组合键进行复制。切换至Premiere软件，移动时间线至00:00:02:00处，选择"文字工具"，在"节目"监视器面板中单击显示文本框，按Ctrl+V组合键粘贴复制的文字，如图6-108所示。

图 6-108

步骤 10 在"基本图形"面板中选中文字图层，设置文字参数，效果如图6-109所示。

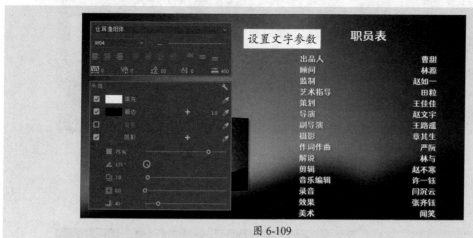

图 6-109

步骤 11 在"基本图形"面板中的空白处单击，取消选中文字图层，选中"滚动"复选框，并选中"启动屏幕外"和"结束屏幕外"复选框，制作滚动字幕效果，如图6-110所示。

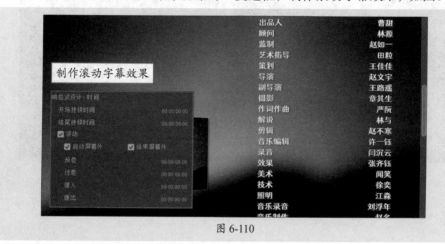

图 6-110

步骤 12 在"时间轴"面板中调整文字素材结尾处与V2素材长度一致，如图6-111所示。

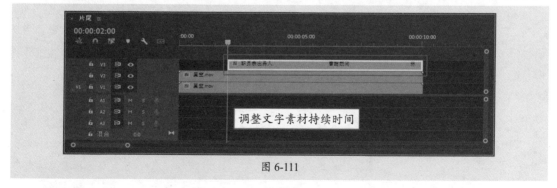

图 6-111

步骤 13 将音频素材拖曳至A1轨道中，使用"剃刀工具"修剪音频素材，使其与V1轨道素材持续时间一致，在"效果"面板中搜索"恒定功率"音频过渡效果并将其拖曳至A1轨道素材末端，如图6-112所示。

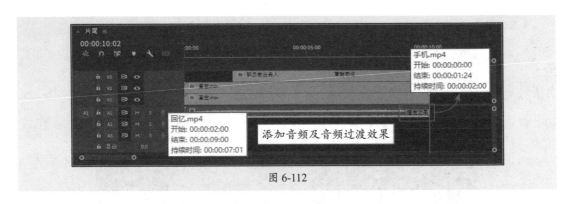

图 6-112

步骤 14 至此，完成影片片尾的制作。按Enter键，渲染入点至出点的效果。渲染完成后，在"节目"监视器面板中预览效果，如图6-113所示。

图 6-113

课后练习 制作照片切换效果

下面将综合运用本章学习的知识制作照片切换效果，如图6-114所示。

图 6-114

1. 技术要点

- 新建项目序列后导入素材文件，然后调整素材；
- 新建调整图层，在调整图层上添加"查找边缘"视频效果和"变换"视频效果，然后设置参数并添加关键帧制作动画效果；
- 添加音频素材并调整。

2. 分步演示

如图6-115所示。

图 6-115

《青春之歌》

  《青春之歌》改编自杨沫的同名长篇小说，讲述了知识女性林道静几经周折与磨难最终走上革命道路的故事，如图6-116所示。该片由北京电影制片厂出品，由崔嵬、陈怀皑执导，谢芳主演，于1959年上映。2021年该片被列入庆祝中国共产党成立100周年优秀影片展映活动的片单。

图 6-116

  《青春之歌》是国庆十周年献礼片之一，它以20世纪30年代日本侵华过程中发生的"九·一八事变"到"一二·九运动"的爱国学生运动为背景，通过女主人公的成长故事，展现了那个时代的人们对自由和美好生活的渴望及对祖国的爱和责任感，揭示了知识分子成长道路的历史必然性。

  影片以富有概括力和表现力的艺术手法，塑造了生动鲜明的群像人物。在剪辑手法上则一改50年代中较为静止的习惯，大胆地运用了许多推拉摇移和变焦镜头，展现出角色的情感变化和情节的发展，多种镜头和拍摄手法的结合，使观众获得更加震撼的视觉体验。

素材文件

第7章

影视编辑之音频剪辑

内容导读

　　影视作为一种视听相结合的艺术，音频在其中起着至关重要的作用。本章将对音频效果的添加及应用进行讲解，包括音频在影视编辑中的作用，编辑音频的方法，常用音频效果，音频过渡效果等。

思维导图

```
                                        ┌─ "振幅与压限" 音频效果组——调整音频振幅
                                        ├─ "延迟与回声" 音频效果组——制作回声效果
              ┌─ 认识音频               ├─ "滤波器和EQ" 音频效果组——过滤音频指定频率
影视编辑之音频剪辑                        ├─ "调制" 音频效果组——调整声音效果
                                        ├─ "降杂/恢复" 音频效果组——去除音频杂音
              ├─ 常用音频效果           ├─ "混响" 音频效果组——添加声音反射效果
                                        ├─ "特殊效果" 音频效果组——制作特殊音效
  音频持续时间——调整音频时长及播放速度     ├─ "立体声声像" 音频效果组——调整立体声声像
  音频增益——调整音频音量                 ├─ "时间与变调" 音频效果组——实时改变音调
  音频关键帧——设置音频变化效果 ── 编辑音频 └─ 其他音频效果——单独的音频效果
  "基本声音"面板——编辑处理声音
  "恒定功率"音频过渡效果——音频平滑渐变
  "恒定增益"音频过渡效果——恒定速率更改音频进出 ── 音频过渡效果
  "指数淡化"音频过渡效果——音频淡入淡出
```

7.1　认识音频

音频是影视编辑质量的重要影响因素。在影视编辑中，音频可以烘托影片氛围，控制影片节奏，从细微处影响观众对影片的观感。

7.2　编辑音频

在Premiere中处理音频时，可以对音频增益、音频持续时间等参数进行调整，还可以通过关键帧制作更加丰富的音频效果。本小节将对此进行说明。

7.2.1　案例解析——问答对话

在学习编辑音频之前，可以先看看以下案例，即使用音频增益和音频关键帧制作问答对话，并添加伴奏。

步骤 01 打开Premiere软件，新建项目和序列。按Ctrl+I组合键，打开"导入"对话框，导入本章视频素材文件，如图7-1所示。

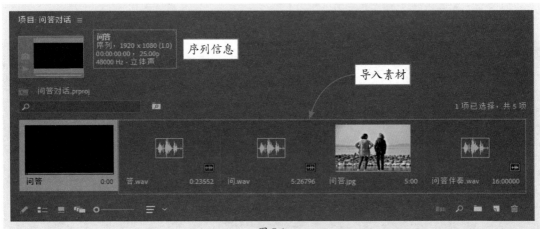

图 7-1

步骤 02 将"问.wav"和"答.wav"素材拖曳至A1轨道合适位置，如图7-2所示。

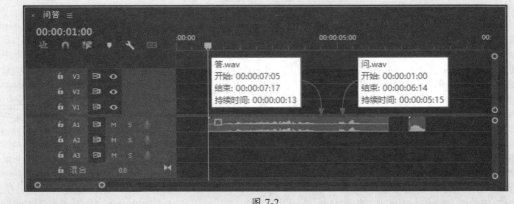

图 7-2

步骤 03 将"问答伴奏.wav"素材拖曳至A2轨道中,使用"剃刀工具"裁剪并删除部分素材,展开A2轨道,效果如图7-3所示。

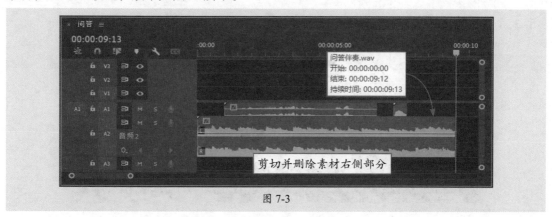

图 7-3

步骤 04 选中A2轨道素材,执行"剪辑"|"音频选项"|"音频增益"命令,打开"音频增益"对话框,调整音频增益值,完成后单击"确定"按钮,效果如图7-4所示。

图 7-4

步骤 05 移动播放指示器至00:00:01:00处,单击A2轨道中的"添加-移除关键帧"按钮 ,添加关键帧;移动播放指示器至00:00:01:10处,再次单击A2轨道中的"添加-移除关键帧"按钮 添加关键帧;使用相同的方法,在00:00:06:05、00:00:06:15、00:00:07:05、00:00:07:18、00:00:08:18和00:00:09:13处添加关键帧,并进行调整,如图7-5所示。

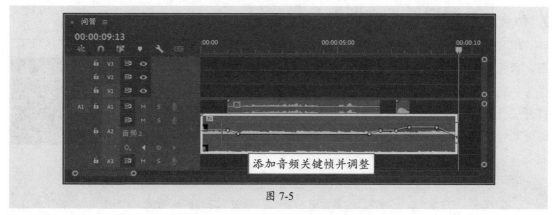

图 7-5

步骤 06 将图像素材拖曳至V1轨道中，并调整其持续时间与V2轨道素材一致，如图7-6所示。

图 7-6

至此，完成问答对话的制作。

7.2.2 音频持续时间——调整音频时长及播放速度

在Premiere中，音频持续时间的调整与其他素材一样，都可以通过"比率拉伸工具"或"速度/持续时间"命令实现，其中比较常用的是执行"速度/持续时间"命令。

图 7-7

选中音频素材后，右击鼠标，在弹出的快捷菜单中执行"速度/持续时间"命令，打开"剪辑速度/持续时间"对话框，如图7-7所示。在该对话框中设置持续时间或速度后，单击"确定"按钮即可调整音频素材的持续时间。值得注意的是，在调整持续时间时选中"保持音频音调"复选框，可以防止调整音频播放速度时音频变调。

7.2.3 音频增益——调整音频音量

增益是指剪辑中的输入电平或音量，用户可以执行"音频增益"命令调整一个或多个选中剪辑的增益电平。执行"剪辑"|"音频选项"|"音频增益"命令，打开"音频增益"对话框，如图7-8所示，在该对话框中即可对音频增益进行调整。

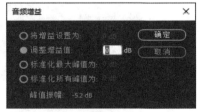

图 7-8

操作提示

"音频增益"命令独立于"音轨混合器"和"时间轴"面板中的输出电平设置，但其值将与最终混合的轨道电平整合。

"音频增益"对话框中各选项的作用如下。

- **将增益设置为**：用于将增益设置为某一特定值，该值始终更新为当前增益。
- **调整增益值**：用于调整增益。调整后，"将增益设置为"的数值也会自动更新，以反映应用于该剪辑的实际增益值。
- **标准化最大峰值为**：用于指定选定剪辑的最大峰值振幅。
- **标准化所有峰值为**：用于指定选定剪辑的峰值振幅。

7.2.4 音频关键帧——设置音频变化效果

音频关键帧可以操纵音频音量，使其产生变化。用户可以在"时间轴"或"效果控件"面板中添加音频关键帧。

1. 在"时间轴"面板中添加音频关键帧

在"时间轴"面板中添加音频关键帧首先需要展开音轨，双击音频轨道空白处即可将其展开，如图7-9所示。

图 7-9

操作提示

单击轨道头中的"显示关键帧"按钮 ，在弹出的菜单中可以选择关键帧类型，如图7-10所示。其中，"剪辑关键帧"可以在选定的剪辑上添加关键帧，将剪辑的音频效果制成动画；"轨道关键帧"应用于整个轨道，可将类似音量、静音之类的音轨效果制成动画；而"轨道声像器"可以改变轨道的音量电平。

图 7-10

展开音轨后，单击音轨头中的"添加-移除关键帧"按钮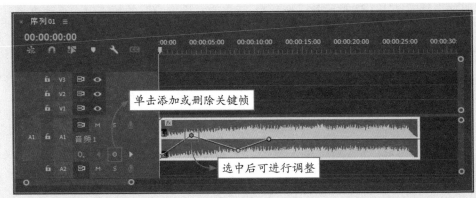，即可添加或删除音频关键帧，使用"选择工具"可以选中并移动关键帧位置，从而改变音频效果，如图7-11所示。

图 7-11

用户也可以按住Ctrl键移动鼠标指针至音轨上，待鼠标指针变为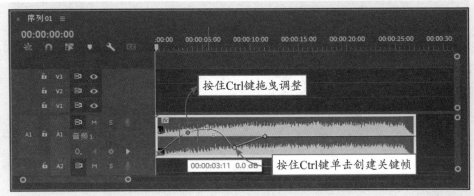形状时单击创建关键帧；按住Ctrl键将鼠标指针靠近已有的关键帧时，按住鼠标左键拖动可调整变化的速率，创建平滑的过渡效果，如图7-12所示。

图 7-12

② 在"效果控件"面板中添加音频关键帧

在"时间轴"面板中添加关键帧后，"效果控件"面板中"级别"参数中也将出现相应的关键帧，如图7-13所示。移动播放指示器后修改"级别"参数，软件将自动创建关键帧。

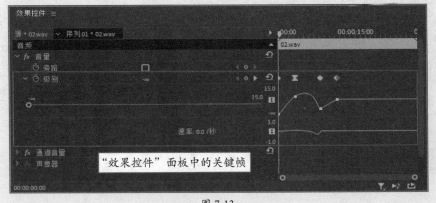

图 7-13

7.2.5 "基本声音"面板——编辑处理声音

"基本声音"面板是一个多合一面板，可用于混合、处理音频，用户可以在该面板中统一音量级别，修复声音，或制作特殊效果的声音。执行"窗口"|"基本声音"命令即可打开该面板，如图7-14所示。

Premiere将音频剪辑分类为对话、音乐、SFX及环境四大类型。其中，对话指对话、旁白等人声，音乐指伴奏，SFX指一些音效，而环境指一些表现氛围的环境音。使用时可以根据音频类型选择选项卡进行设置。除此之外，还可以在"预设"下拉列表中选择预设的效果进行应用。

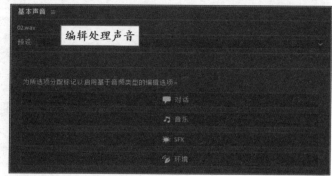

图 7-14

7.3 常用音频效果

Premiere中提供了多种音频效果，使用这些音频效果，可以对音频进行处理，使其更加符合要求。本小节将对一些常用的音频效果进行说明。

7.3.1 案例解析——机器人音效

在学习常用的音频效果之前，可以先看看以下案例，即使用"模拟延迟""音高换档器"等效果制作机器人音效。

步骤 01 打开Premiere软件，新建项目和序列。按Ctrl+I组合键，打开"导入"对话框，导入本章视频素材文件，如图7-15所示。

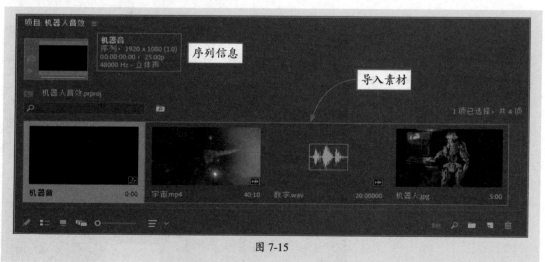

图 7-15

步骤 02 将音频素材拖曳至A1轨道中，在"效果"面板中搜索"模拟延迟"音频效果，将其拖曳至A1轨道素材上。在"效果控件"面板中单击"编辑"按钮，打开"剪辑效果编辑器-模拟延迟"对话框设置参数，如图7-16所示。设置完成后关闭对话框。

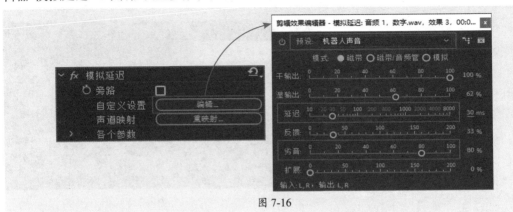

图 7-16

步骤 03 在"效果"面板中搜索"音高换档器"音频效果，将其拖曳至A1轨道素材上，在"效果控件"面板中单击"编辑"按钮，打开"剪辑效果编辑器-音高换档器"对话框设置参数，如图7-17所示。设置完成后关闭对话框。

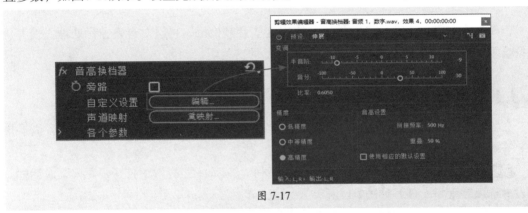

图 7-17

步骤 04 双击视频素材，在"源"监视器面板中预览播放效果，在00:00:20:00处单击"标记出点"按钮标记出点，如图7-18所示。

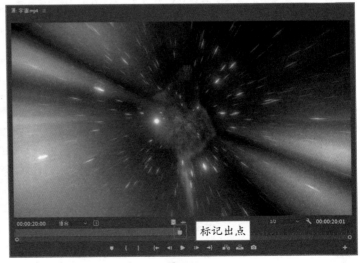

图 7-18

步骤 05 移动鼠标指针至"源"监视器面板"仅拖动视频"按钮 ▣ 上，按住鼠标左键将其拖曳至V1轨道中，如图7-19所示。

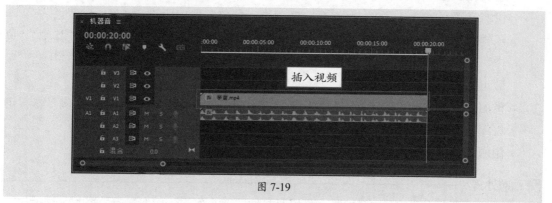

图 7-19

步骤 06 将图像素材拖曳至V2轨道中，调整其持续时间与A1轨道素材一致，如图7-20所示。

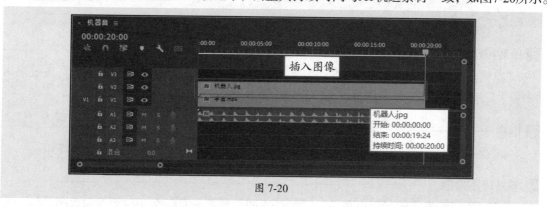

图 7-20

至此，完成机器人音效的制作。

7.3.2 "振幅与压限"音频效果组——调整音频振幅

"振幅与压限"效果组可以处理音频振幅，使声音级别保持在合适的区间。该效果组中包括"动态""增幅"等十种音频效果。

1. 动态

"动态"效果可以控制一定范围内音频信号的增强或减弱。添加该效果后，在"效果控件"面板中单击"编辑"按钮，将打开"剪辑效果编辑器-动态"对话框，如图7-21所示。

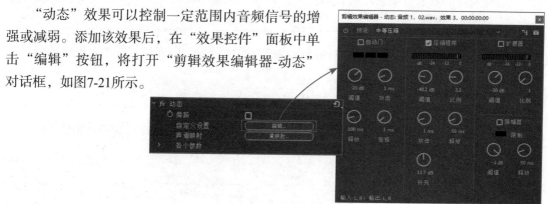

图 7-21

该对话框中部分选项的作用如下。

- **自动门**：用于删除低于特定振幅阈值的噪声。当音频通过门时，LED表显示绿色。没有音频通过时，该表显示红色；在起奏、释放和保持期间，该表显示黄色。
- **压缩程序**：通过衰减超过特定阈值的音频来减少音频信号的动态范围。其中，"攻击"和"释放"参数更改临时行为时，"比例"参数可以控制动态范围；"补充"参数可以补偿增加音频电平。
- **扩展器**：通过衰减低于指定阈值的音频来增加音频信号的动态范围。"比例"参数可以用于控制动态范围。
- **限幅器**：用于衰减超过指定阈值的音频。信号受到限制时，LED表会亮。

2. 动态处理

"动态处理"效果可用作压缩器、限幅器或扩展器。作为压缩器和限幅器时，该效果可以减少动态范围，产生一致的音量；作为扩展器时，该效果可以通过减小低电平信号的电平来增加动态范围。

3. 单频段压缩器

"单频段压缩器"效果可以减少动态范围，产生一致的音量并提高感知响度。该效果可以在音乐音轨和背景音频中凸显语音，多用于画外音。

4. 增幅

"增幅"效果可以实时增强或减弱音频信号，多与效果组中的其他效果组合使用。

5. 多频段压缩器

"多频段压缩器"效果可以单独压缩四种不同的频段，且每个频段通常包含唯一的动态内容，多用于处理音频母带。

6. 强制限幅

"强制限幅"效果可以大幅减弱高于指定阈值的音频，在提高整体音量的同时避免扭曲。

7. 消除齿音

"消除齿音"效果可以去除齿音和其他"嘶嘶"类型的高频声音。

8. 电子管建模压缩器

"电子管建模压缩器"效果可以通过微妙扭曲增色音频，模拟温暖的复古硬件压缩器的感觉。

9. 通道混合器

"通道混合器"效果可以更改声音的外观位置，校正不匹配的音频或解决相位问题，从而改变立体声或环绕声道的平衡。

10. 通道音量

"通道音量"效果可以单独控制音频每条声道的音量。

7.3.3 "延迟与回声"音频效果组——制作回声效果

"延迟与回声"效果组可以通过延迟、反馈声音制作出回声的效果。该效果组中包括"多功能延迟""延迟"和"模拟延迟"三种音频效果。

1. 多功能延迟

"多功能延迟"效果可以创建最多四个回声效果。添加该效果后,在"效果控件"面板中可以对其参数进行设置,如图7-22所示。其中,"延迟"参数可以设置延迟的长度;"反馈"参数可以通过延迟线重新发送延迟的音频,来创建重复回声。数值越高,回声强度增长越快。

图 7-22

2. 延迟

"延迟"效果可以生成指定时间后播放的单一回声效果和各种其他效果。添加该效果后,在"效果控件"面板中可以对其参数进行设置,如图7-23所示。

图 7-23

操作提示

35毫秒及更长时间的延迟可产生不连续的回声;而15~34毫秒的延迟可产生简单的和声或镶边效果。

3. 模拟延迟

"模拟延迟"效果可以模拟老式延迟装置的温暖声音特性,制作缓慢的回声效果。

7.3.4 "滤波器和EQ"音频效果组——过滤音频指定频率

"滤波器和EQ"效果组可以过滤音频中的某些频率,使音频更加纯净。该效果组中包括"FFT滤波器""低通"等音频效果。

1. FFT 滤波器

"FFT滤波器"效果可以绘制抑制或提升特定频率的曲线,从而过滤掉某些频率获得更加纯净的音频效果。

FFT代表快速傅里叶变换，是一种用于快速分析频率和振幅的算法。

2. 低通

"低通"效果可以消除高于指定频率的频率，使音频更加浑厚。添加该效果后，在"效果控件"面板中设置"切断"参数即可。

3. 低音

"低音"效果可以增大或减小低频（200Hz及更低）。添加该效果后，在"效果控件"面板中设置"增加"参数即可。

4. 参数均衡器

"参数均衡器"效果可以最大限度地均衡音频，其可以分析出声音的各个频率段，再分别进行调整。添加该效果后，在"效果控件"面板中单击"编辑"按钮，将打开"剪辑效果编辑器-参数均衡器"对话框，如图7-24所示。用户可以选择预设直接应用。

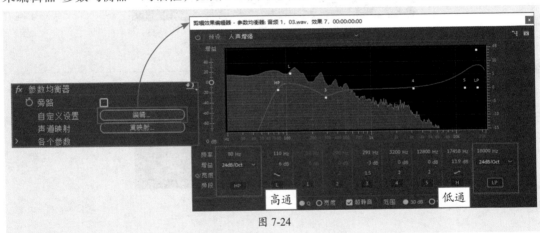

图 7-24

5. 图形均衡器（10 段、20 段、30 段）

"图形均衡器"效果可以使用预设频段快速地增强或消减特定频段从而均衡音频，并直观地表示生成的EQ曲线。其中，"图形均衡器（10段）"效果的频段最少，调整最快；"图形均衡器（30段）"效果的频段最多，精度最高。

6. 带通

"带通"效果可以仅保留指定范围内发生的频率或频段，移除范围外的内容。

7. 科学滤波器

"科学滤波器"效果可以对音频进行高级操作。

8. 简单的参数均衡

"简单的参数均衡"效果可以在一定范围内简单地均衡音频。添加该效果后，在"效果控件"面板中可以对其参数进行设置，如图7-25所示。

图 7-25

9. 简单的陷波滤波器

"简单的陷波滤波器"效果可以操作简单的去除设置的频段信号。

10. 陷波滤波器

"陷波滤波器"效果可以在保持周围频率不变的情况下去除设定频段。

11. 高通

"高通"效果可以消除低于指定频率的频率，与"低通"效果作用相反。添加该效果后，在"效果控件"面板中设置"切断"参数即可。

12. 高音

"高音"效果可以增高或降低高频（4000Hz及更高）。添加该效果后，在"效果控件"面板中设置"增加"参数即可。

7.3.5　"调制"音频效果组——调整声音效果

"调制"效果组可以通过混合或移动音频相位的方法调制声音。该效果组中包括"和声/镶边""移相器"和"镶边"三种音频效果。

1. 和声/镶边

"和声/镶边"结合了和声和镶边两种基于延迟的效果。添加该效果后，在"效果控件"面板中单击"编辑"按钮，将打开"剪辑效果编辑器-和声/镶边"对话框，如图7-26所示。

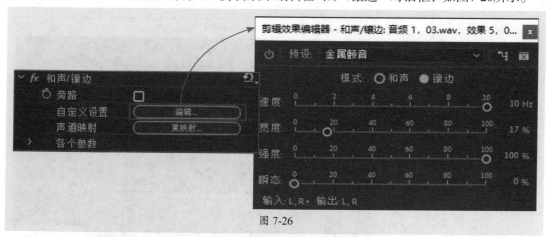

图 7-26

"和声"模式可通过少量反馈添加多个短延迟，模拟同时播放多个语音或乐器的效果；"镶边"模式可以模拟在打击乐中听到的延迟声音。

2. 移相器

"移相器"效果类似于镶边，它是通过移动音频信号的相位，并将其与原始信号重新合并，制作出20世纪60年代的打击乐效果。用户可以使用"移相器"效果制作出超自然的声音效果。

3. 镶边

"镶边"效果通过混合与原始信号大致等比例的可变短时间延迟产生，它可以通过以特定或随机间隔略微对信号进行延迟和相位调整来创建类似于20世纪60年代和70年代打击乐的效果。

7.3.6 "降杂/恢复"音频效果组——去除音频杂音

"降杂/恢复"效果组中的效果可以去除音频杂音。该效果组中包括"减少混响""降噪"等四种音频效果。

1. 减少混响

"减少混响"效果可以消除混响且可辅助调整混响量。

2. 消除嗡嗡声

"消除嗡嗡声"效果可以去除窄频段及其谐波，多用于处理照明设备及电子设备线路发出的嗡嗡声。

3. 自动咔嗒声移除

"自动咔嗒声移除"效果可以去除音频中的噼啪声、爆音和静电噪声。

4. 降噪

"降噪"效果可以去除音频中的噪声。添加该效果后，在"效果控件"面板中单击"编辑"按钮，打开"剪辑效果编辑器-降噪"对话框，如图7-27所示，在该对话框中可以控制降噪量。

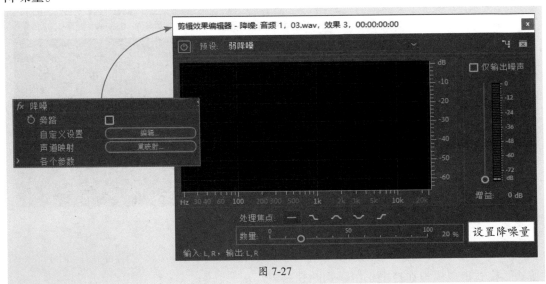

图 7-27

7.3.7 "混响"音频效果组——添加声音反射效果

"混响"效果组可以模拟声音反射混合形成的混响效果。该效果组中包括"卷积混响""室内混响"和"环绕声混响"三种音频效果。

1. 卷积混响

"卷积混响"效果可以使用脉冲文件模拟声学空间,制作出真实的混响效果。

2. 室内混响

"室内混响"效果可以实时模拟声学空间,速度快且占用的处理器资源少。

3. 环绕声混响

"环绕声混响"效果可以模拟声音在室内声学空间中的效果和氛围,多用于5.1音源,也可用于为单声道或立体声音源提供环绕声环境。

7.3.8 "特殊效果"音频效果组——制作特殊音效

"特殊效果"效果组可以制作出一些特殊的音效效果。该效果组中包括"雷达响度计""互换声道"等十二种音频效果。下面将对部分常用的效果进行说明。

1. 雷达响度计(Loudness Rader)

"雷达响度计"效果可以测量剪辑、轨道或序列的音频级别,而不更改音频电平。

2. 互换通道

"互换通道"效果可以切换左右声道信息的位置,仅适用于立体声剪辑。

3. 人声增强

"人声增强"效果可以改善旁白录音的质量,增强人声。添加该效果后,在"效果控件"面板中单击"编辑"按钮,将打开"剪辑效果编辑器-人声增强"对话框,如图7-28所示。其中,"低音"和"高音"模式可减少音频中的噪声,还可为人声提供特有的电台声音;而"音乐"模式则可以优化音轨,补充旁白。

图 7-28

4. 反相

"反相"效果可以反转所有声道的相位。

5. 吉他套件

"吉他套件"效果可以通过压缩程序、滤波器、放大器等一系列处理器优化和改变吉他音轨声音,使音频更具表现力。添加该效果后,在"效果控件"面板中单击"编辑"按钮，将打开"剪辑效果编辑器-吉他套件"对话框，如图7-29所示。

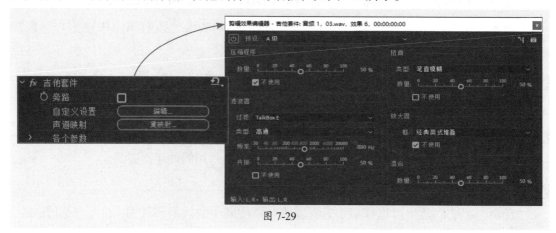

图 7-29

这些处理器的作用分别如下。

- **压缩程序**：减少动态范围以保持一致的振幅，并帮助在混合音频中突出吉他音轨。
- **滤波器**：去除音频中的指定频率。
- **扭曲**：增加可经常在吉他独奏中听到的声音边缘。
- **放大器**：模拟吉他手用来创造独特音调的各种放大器和扬声器组合。
- **混合**：控制原始音频与处理后音频的比率。

6. 响度计

"响度计"效果可以直观透明地测量所有混音、单个轨道或总音轨和子混音的项目响度。该效果可以提供精确的测量值，以便用户更改音频响度级别。

7. 扭曲

"扭曲"效果可以将少量砾石和饱和效果应用于音频，制作出音频扭曲的效果。

8. 母带处理

"母带处理"效果可以根据目标介质的要求优化特定介质（如电台、视频、CD或Web）音频文件的完整过程。

9. 用右侧填充左侧

"用右侧填充左侧"效果可以复制音频剪辑的左声道信息至右声道中，并丢弃现有的右声道信息。

10. 用左侧填充右侧

"用左侧填充右侧"效果可以复制音频剪辑的右声道信息至左声道中，并丢弃现有的左声道信息。该效果仅可应用于立体声音频剪辑。

7.3.9 "立体声声像"音频效果组——调整立体声声像

"立体声声像"效果组中仅包括"立体声扩展器"一种效果，该效果可以定位并扩展立体声声像，多与其他效果结合使用。

7.3.10 "时间与变调"音频效果组——实时改变音调

"时间与变调"效果组中仅包括"音高换档器"一种效果，该效果可以实时改变音调，多与其他效果结合使用。添加该效果后，在"效果控件"面板中单击"编辑"按钮，将打开"剪辑效果编辑器-音高换档器"对话框，如图7-30所示。

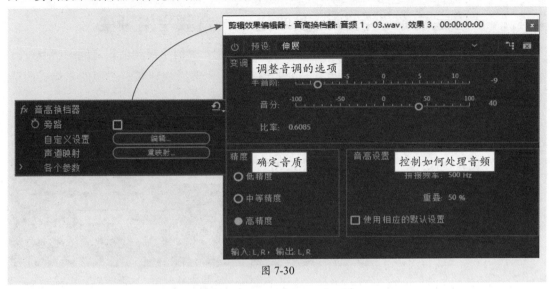

图 7-30

7.3.11 其他音频效果——单独的音频效果

除了音频效果组及其中的音频效果外，Premiere中还有"余额""静音"和"音量"三个独立的音频效果。

1. 余额

"余额"音频效果可以平衡左右声道的相对音量。添加该效果后，在"效果控件"面板中设置"余额"参数即可。

2. 静音

"静音"效果可以让音频静音。添加该效果后，用户可以在"效果控件"面板中设置全部静音或单独声道静音。

操作提示

单击音轨头中的"静音轨道"按钮■，可让该轨道中的音频静音；单击"独奏轨道"按钮■，可让该轨道以外轨道的音频静音。

3. 音量

"音量"效果可以控制音频音量，类似于音频固定效果中的"音量"参数。

7.4 音频过渡效果

音频过渡类似于视频过渡，只是其作用于音频。通过音频过渡效果可以使音频之间的切换更加自然。

7.4.1 "恒定功率"音频过渡效果——音频平滑渐变

"恒定功率"音频过渡效果可以创建平滑渐变的过渡，类似于视频剪辑之间的溶解过渡效果。该音频过渡效果会先缓慢降低第一个剪辑的音频，然后快速接近过渡的末端；而第二个剪辑会先快速增加音频，然后缓慢地接近过渡的末端。

选中"效果"面板中的"恒定功率"音频过渡效果，将其拖曳至两个剪辑之间的编辑点上即可添加该效果。选中添加的效果，在"效果控件"面板中可以设置其持续时间和对齐方式，如图7-31所示。

图 7-31

操作提示

若要在两个剪辑之间添加音频过渡效果，第一个剪辑的末端和第二个剪辑的起始处须有可供调节的余量。

操作提示

"恒定功率"音频过渡是默认的音频过渡效果，用户可以执行"序列"|"应用音频过渡"命令添加默认的音频过渡效果。

7.4.2 "恒定增益"音频过渡效果——恒定速率更改音频进出

"恒定增益"音频过渡效果可以以恒定速率更改音频淡入淡出，但效果有时比较生硬。

7.4.3 "指数淡化"音频过渡效果——音频淡入淡出

"指数淡化"音频过渡效果类似于"恒定功率"效果，它是通过淡出位于平滑的对数曲线上方的第一个剪辑，同时自下而上淡入同样位于平滑对数曲线上方的第二个剪辑来淡入淡出音频。

操作提示

音频过渡默认持续时间为1秒，用户可以执行"编辑"|"首选项"|"时间轴"命令，打开"首选项"对话框，在"时间轴"选项卡中设置默认的音频过渡持续时间。

课堂实战 | 制作回忆视频

　　本章课堂实战练习制作回忆视频，目的是综合运用本章的知识点，以熟练掌握和巩固音频剪辑的操作技巧。下面将进行操作思路的介绍。

步骤 01 打开Premiere软件，新建项目和序列。按Ctrl+I组合键，打开"导入"对话框，导入本章视频素材文件，如图7-32所示。

图 7-32

步骤 02 将"手机.mp4"素材拖曳至"时间轴"面板的V1轨道中，在00:00:02:00处使用"剃刀工具"裁切素材并删除右半部分。右击鼠标，执行"取消链接"命令，取消链接并删除音频部分；将"回忆.mp4"素材拖曳至V1轨道素材右侧，并删除音频，如图7-33所示。

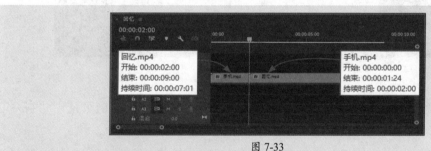

图 7-33

步骤 03 在"效果"面板中搜索"VR色度泄漏"视频过渡效果并将其拖曳至V1轨道中两个素材剪辑点处，选中添加的视频过渡效果，在"效果控件"面板中设置参数，如图7-34所示。

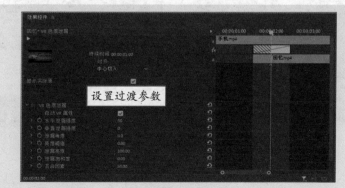

图 7-34

步骤 04 在"项目"面板中新建调整图层，并将其拖曳至"时间轴"面板中V2轨道合适的位置，调整其结尾处与V2轨道第2段素材一致，如图7-35所示。

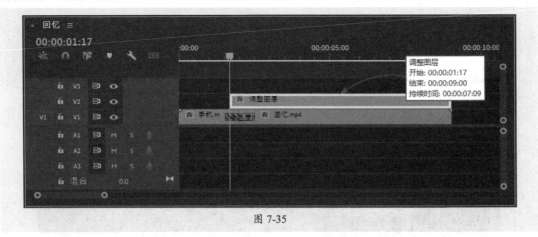

图 7-35

步骤 05 在"效果"面板中搜索"黑白"视频效果，将其拖曳至调整图层上，移动播放指示器至00:00:01:17处，在"效果控件"面板中单击"不透明度"参数左侧的"切换动画"按钮 ，添加关键帧；移动播放指示器至00:00:03:10处，修改"不透明度"参数为50%，软件将自动添加关键帧，如图7-36所示。选中关键帧并右击鼠标，执行"缓入"和"缓出"命令，平滑变换效果。

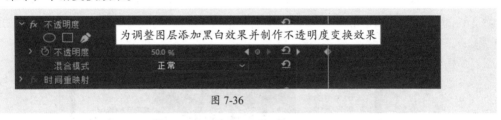

图 7-36

步骤 06 将"遛狗.mp3"素材拖曳至A1轨道合适位置，在00:00:09:01处使用"剃刀工具"裁切素材，并删除右半部分，如图7-37所示。

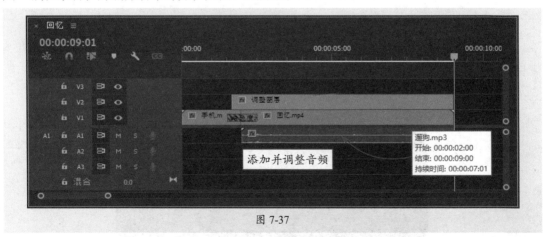

图 7-37

步骤 07 选中A1轨道中的音频，右击鼠标，执行"音频增益"命令，打开"音频增益"对话框，设置参数后单击"确定"按钮调整音频增益，如图7-38所示。

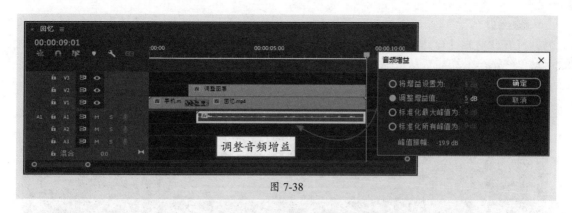

图 7-38

步骤 **08** 在"效果"面板中搜索"室内混响"效果,将其拖曳至A1轨道素材上。在"效果控件"面板中单击"编辑"按钮,打开"剪辑效果编辑器-室内混响"对话框设置参数,如图7-39所示。设置完成后关闭对话框。

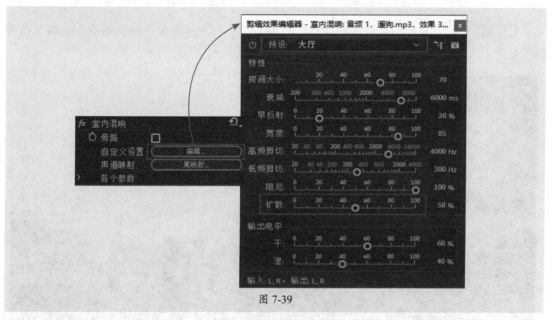

图 7-39

步骤 **09** 移动播放指示器至00:00:01:13处,将"转场.wav"素材拖曳至A2轨道中合适位置。右击鼠标,执行"音频增益"命令,打开"音频增益"对话框,设置参数后单击"确定"按钮调整音频增益,如图7-40所示。

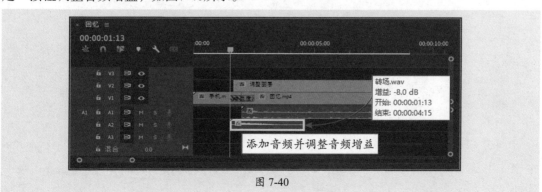

图 7-40

步骤 10 选中A2轨道素材并右击鼠标，在弹出的快捷菜单中执行"速度/持续时间"命令，打开"剪辑速度/持续时间"对话框，调整A2轨道素材持续时间为1秒10帧，设置完成后单击"确定"按钮，效果如图7-41所示。

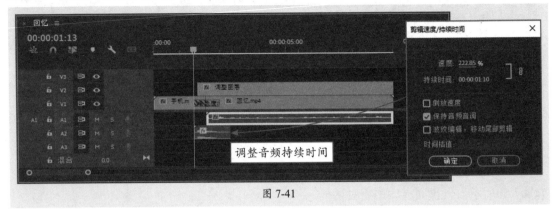

图 7-41

步骤 11 至此，完成回忆视频的制作。在"节目"监视器面板中按空格键预览效果，如图7-42所示。

图 7-42

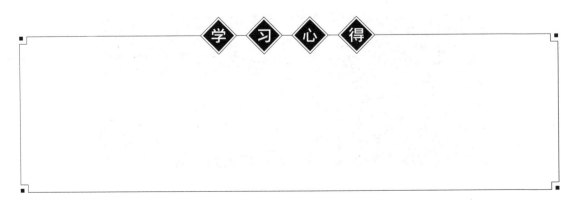

课后练习 制作回声效果

下面将综合运用本章学习的知识制作回声效果，如图7-43所示。

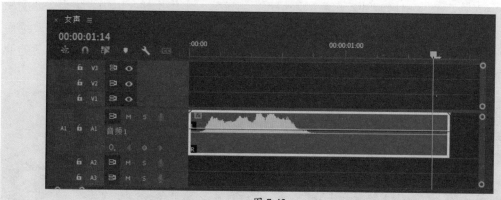

图 7-43

1. 技术要点

- 新建项目导入音频素材；
- 为素材添加"模拟延迟"音频效果并进行设置。

2. 分步演示

如图7-44所示。

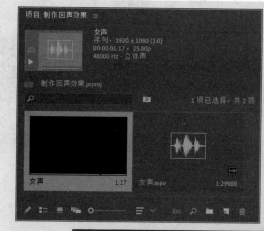
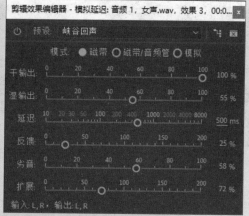

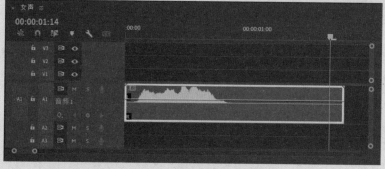

图 7-44

《白毛女》

　　《白毛女》是东北电影制片厂出品的剧情片，由王滨、水华执导，田华、陈强、胡朋、张守维、李百万、李壬林等主演，于1951年3月11日在中国上映。该片由同名歌剧改编而来，讲述了喜儿被地主黄世仁霸占后，逃进深山丛林，头发全变白，后来被大春解救的故事，如图7-45所示为该片剧照。

图 7-45

　　《白毛女》是一部几乎家喻户晓的影片，曾荣获1951年第六届卡罗维发利国际电影节特别荣誉奖及1957年文化部优秀影片评奖故事片一等奖。该片具有鲜明的时代印记，反映着当时中国绝大多数底层人民对新的阶级、新的政党、新的社会、新的生活的美好愿景。

　　影片叙事语言清晰明了，画面流畅自然，导演用视觉形象和比喻的蒙太奇，达到了较好的艺术效果，电影中的镜头语言、光影运用、音效处理等都为电影的主题服务，使观众更加深入地感受到喜儿的遭遇和劳动人民的苦难，同时电影保留了歌剧的特色，通过歌剧推动了剧情的发展。

第8章

影视编辑之项目输出

内容导读

　　输出项目文件可以方便后续观看和传输。本章将对项目输出的准备工作及设置进行讲解，包括输出前的渲染预览、输出方式，可输出的视频、音频及图像格式，"导出设置"对话框中的选项卡及参数设置等。

思维导图

影视编辑之项目输出

- 输出准备
  - 渲染预览——预处理项目内容
  - 输出方式——输出影片的方式
- 可输出文件格式
  - 输出设置
  - 视频格式——可输出的视频格式
  - 音频格式——可输出的音频格式
  - 图像格式——可输出的图像格式
- "源"选项卡和"输出"选项卡——预览导出设置对源媒体的影响
- "导出设置"选项卡——设置导出参数
- "视频"选项卡——设置导出的视频效果
- "音频"选项卡——设置导出的音频效果

8.1 输出准备

输出是在编辑软件Premiere中处理素材的最后一步，在将制作完成的影视内容输出之前，可以通过渲染预览等准备工作预处理编辑内容，以便输出。

8.1.1 案例解析——渲染故障视频

在学习输出准备工作之前，可以先看看以下案例，即渲染故障视频。

步骤 01 打开Premiere软件，新建项目和序列。按Ctrl+I组合键，打开"导入"对话框，导入本章视频素材文件，如图8-1所示。

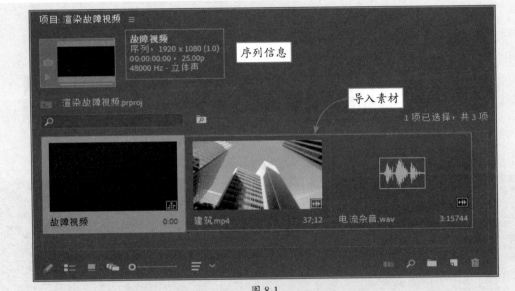

图 8-1

步骤 02 将视频素材拖曳至"时间轴"面板的V1轨道中，右击鼠标，在弹出的快捷菜单中执行"取消链接"命令，取消音视频链接并删除音频素材，在10秒处使用"剃刀工具"裁切素材并删除右半部分。按住Alt键，向上拖曳复制素材至V2轨道中，如图8-2所示。

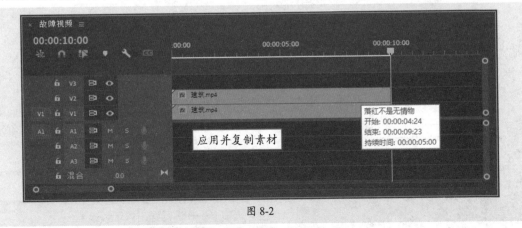

图 8-2

步骤 03 选中V2轨道素材，在"效果控件"面板中设置"不透明度"参数中的混合模式为"滤色",效果如图8-3所示。

图 8-3

步骤 04 使用"剃刀工具"在V2轨道的第4秒和第6秒处裁切素材,选中第2段素材,按住Alt键向上拖曳复制三次,如图8-4所示。

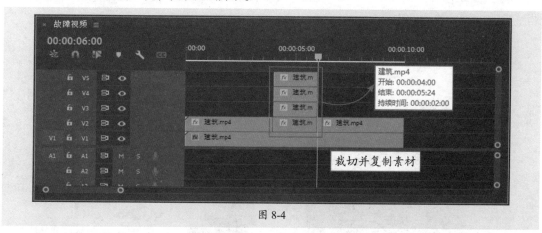

图 8-4

步骤 05 在"效果"面板中搜索"颜色平衡(RGB)"视频效果,将其拖曳至V2轨道第2段素材上,在"效果控件"面板中设置参数,效果如图8-5所示。

图 8-5

步骤 06 使用相同的方法，为V3轨道中的素材添加"颜色平衡（RGB）"视频效果，并调整参数，效果如图8-6所示。

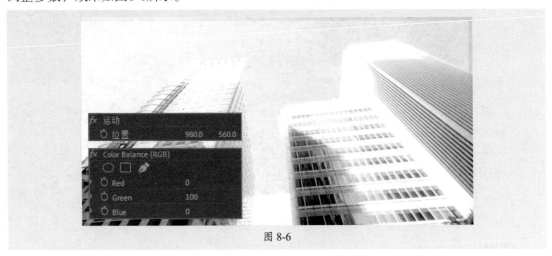

图 8-6

步骤 07 使用相同的方法，为V4轨道中的素材添加"颜色平衡（RGB）"视频效果，并调整参数，效果如图8-7所示。

图 8-7

步骤 08 在"效果"面板中搜索"波形变形"视频效果，将其拖曳至V5轨道中的素材上。移动播放指示器至00:00:04:00处，在"效果控件"面板中设置参数，并单击"波形高度""波形宽度""波形速度"参数左侧的"切换动画"按钮，添加关键帧；移动播放指示器至00:00:04:05处，调整"波形高度""波形宽度""波形速度"参数，软件将自动添加关键帧，如图8-8所示。

图 8-8

步骤 09 使用相同的方法，每隔5帧调整一次参数（自定义有所变动即可），添加关键帧，如图8-9所示。选中所有关键帧并右击鼠标，在弹出的快捷菜单中执行"缓入"和"缓出"命令，平滑变换效果。

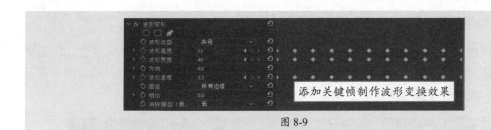

图 8-9

步骤10 选中V2轨道中的第2段素材和V3、V4、V5轨道中的素材，右击鼠标，在弹出的快捷菜单中执行"嵌套"命令，嵌套序列，如图8-10所示。

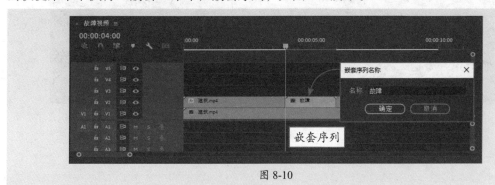

图 8-10

步骤11 将音频素材拖曳至A1轨道合适位置，并调整其持续时间与嵌套序列一致，在"效果控件"面板中降低音量，如图8-11所示。

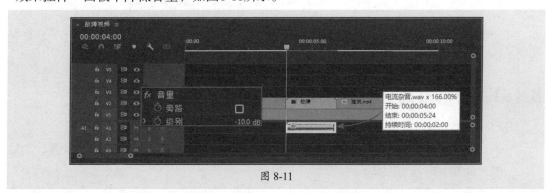

图 8-11

步骤12 至此，完成渲染故障视频的制作。按Enter键，渲染预览素材。渲染后，红色渲染条变为绿色，并自动播放视频，如图8-12所示。

图 8-12

8.1.2　渲染预览——预处理项目内容

渲染是指预处理剪辑内容，通过该操作可以以全帧速率实时回放复杂的部分。选中要进行渲染的时间段，执行"序列"|"渲染入点到出点的效果"命令或按Enter键，即可进行渲染，渲染后红色渲染条变为绿色，如图8-13所示。

图 8-13

操作提示

序列时间标尺中的红色渲染条表示可能必须渲染才能以全帧速率实时回放的未渲染部分；黄色渲染条表示可能无须渲染即能以全帧速率实时回放的未渲染部分；绿色渲染条表示已经渲染其关联预览文件的部分。

在渲染较长时间的文件时，可以通过添加入点和出点的方式减少渲染运算量，提高效率。

8.1.3　输出方式——输出影片的方式

在Premiere中可以通过多种方式输出项目内容，常用的有以下两种。

● 执行"文件"|"导出"|"媒体"命令或按Ctrl+M组合键，打开"导出设置"对话框，设置参数导出媒体；
● 在"项目"面板中选中要导出的序列，右击鼠标并在弹出的快捷菜单中执行"导出媒体"命令，打开"导出设置"对话框，设置参数导出媒体。

操作提示

在"项目"面板中选中要导出的序列或媒体文件后，单击Premiere工作界面右上角的"快速导出"按钮，在弹出的"快速导出"对话框中可以快速设置参数导出H.264格式的文件。

8.2 可输出文件格式

Premiere支持输出多种格式的文件，以便与其他软件相衔接。本小节将对可输出的常用文件格式进行说明。

8.2.1 视频格式——可输出的视频格式

可以根据需要将项目文件输出为不同的视频格式，常见的包括AVI格式、H.264格式等。

1. H.264 格式

选择H.264格式可输出后缀为".mp4"的文件，该格式具有很高的数据压缩比率，容错能力强，同时图像质量也很高，在网络传输中更为方便经济。快速导出的默认格式也是H.264。

2. AVI 格式

AVI格式为音频视频交错格式，可以同步播放音频和视频。该格式采用了有损压缩的方式，但画质好，兼容性好，应用非常广泛。

3. QuickTime 格式

QuickTime格式是由苹果公司开发的一种音频视频文件格式，可用于存储常用数字媒体类型，其保存文件后缀为（.mov）。该格式画面效果略优于AVI格式。

4. MPEG4 格式

MPEG4格式是网络视频图像压缩标准之一。该格式的压缩比高，对传输速率要求低，广泛应用于影音数位视讯产业。

8.2.2 音频格式——可输出的音频格式

Premiere支持输出MP3、波形音频、AAC音频等格式。下面将对部分常用音频格式的特点进行说明。

1. MP3 格式

MP3是一种音频编码方式，可以大幅度地降低音频数据量，减少占用空间，而且保持了较好的音质，适用于移动设备的存储和使用。

2. 波形音频格式

波形音频格式是最早的音频格式，保存文件后缀为".wav"。该格式支持多种压缩算法，且音质好，但占用的存储空间也相对较大，不便于交流和传播。

3. Windows Media 格式

Windows Media格式即WMA格式，该格式可通过减少数据流量但保持音质的方法来提高压缩率，在压缩比和音质方面都比MP3格式好。

4. AAC 音频格式

AAC音频格式的中文名称为"高级音频编码"，该格式采用了全新的算法进行编码，更加高效，压缩比相对来说也较高，但AAC格式为有损压缩，音质相对其他格式略有不足。

8.2.3 图像格式——可输出的图像格式

Premiere同样支持输出图像，常用的包括JPEG格式、PNG格式、Targa格式等。下面将对部分常用图像格式的特点进行说明。

1. BMP 格式

BMP格式是Windows操作系统中的标准图像文件格式，该格式几乎不压缩图像，包含的图像信息丰富，但占据内存较大。

2. JPEG 格式

JPEG格式是最常用的图像文件格式，该格式属于有损压缩。在压缩处理图像时，用户可以自行在高质量图像和低质量图像之间进行选择。

3. PNG 格式

PNG格式为便携式网络图形，该格式属于无损压缩，体积小，压缩比高，支持透明效果、真彩和灰度级图像的Alpha通道透明度，一般应用于网页、Java程序。

4. Targa 格式

Targa格式兼具体积小和效果清晰的特点，是计算机上应用最广泛的图像格式，保存文件后缀为".tga"。该格式可以做出不规则形状的图形、图像文件，是计算机生成图像向电视转换的一种首选格式。

5. GIF 格式

GIF格式即为图形交换格式，分为静态GIF和动画GIF两种类型。该格式可以以超文本标记语言的方式显示索引彩色图像，广泛应用于因特网及其他在线服务系统。

8.3 输出设置

执行"文件"|"导出"|"媒体"命令，打开"导出设置"对话框，利用该对话框中的选项可以详细设置输出内容，如图8-14所示。本小节将对"导出设置"对话框中的常用选项进行介绍。

图 8-14

8.3.1 案例解析——输出AVI片段

在学习输出设置之前，可以先看看以下案例，即使用"导出设置"对话框输出AVI片段。

步骤 01 打开Premiere软件，新建项目和序列。按Ctrl+I组合键，打开"导入"对话框，导入本章视频素材文件，如图8-15所示。

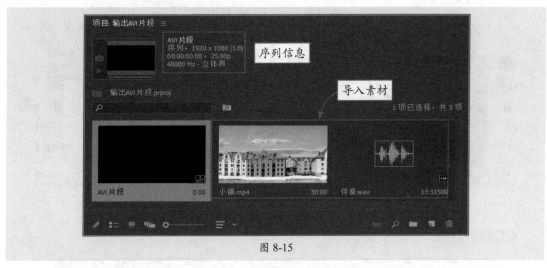

图 8-15

步骤 02 将视频素材拖曳至"时间轴"面板的V2轨道中，调整其持续时间为13秒，如图8-16所示。

图 8-16

步骤 03 在"项目"面板中单击"新建项"按钮■，在弹出的列表中选择"黑场视频"选项新建黑场视频，并将其拖曳至V1轨道中，调整其持续时间与V2轨道素材一致，如图8-17所示。

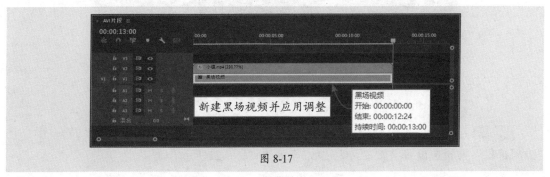

图 8-17

步骤 **04** 移动播放指示器至00:00:00:00处，使用"文字工具"在"节目"监视器面板中输入文字，在"基本图形"面板中设置参数，效果如图8-18所示。

图 8-18

步骤 **05** 调整文字素材的持续时间为7秒，如图8-19所示。

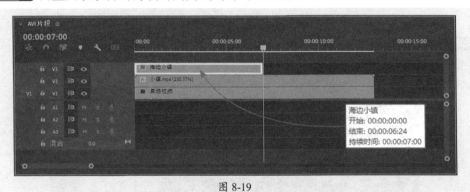

图 8-19

步骤 **06** 移动播放指示器至00:00:00:00处，选中文字素材，在"效果控件"面板中单击"视频"属性中的"不透明度"参数左侧的"切换动画"按钮 ，添加关键帧，并调整数值为0%；移动播放指示器至00:00:02:00处，调整数值为100%，软件将自动添加关键帧，如图8-20所示。

图 8-20

步骤 **07** 在"效果"面板中搜索"轨道遮罩键"视频效果并将其拖曳至V2轨道中，在"效果控件"面板中设置"遮罩"为视频3，效果如图8-21所示。

图 8-21

步骤 08 移动播放指示器至00:00:02:00处，在"效果控件"面板中单击"视频"属性中的"位置"参数和"缩放参数"左侧的"切换动画"按钮，添加关键帧；移动播放指示器至00:00:05:00处，调整数值使V2轨道素材完全显示，软件将自动添加关键帧，效果如图8-22所示。选中所有关键帧并右击鼠标，在弹出的快捷菜单中执行"临时插值"|"缓入"和"临时插值"|"缓出"命令，平滑变换效果。

图 8-22

步骤 09 将音频素材拖曳至A1轨道中，调整其持续时间与V1轨道素材一致。右击鼠标，在弹出的快捷菜单中执行"音频增益"命令，打开"音频增益"对话框，设置"调整增益值"参数为-16，单击"确定"按钮，效果如图8-23所示。

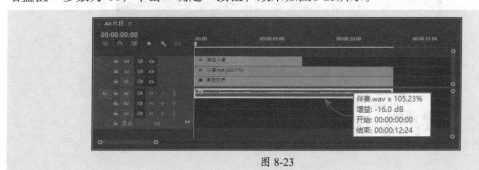

图 8-23

步骤 10 至此，完成视频的制作。按空格键在"节目"监视器面板中预览效果，如图8-24所示。

图 8-24

步骤 11 按Ctrl+M组合键，打开"导出设置"对话框，在"导出设置"中选择"格式"为AVI，单击"输出名称"右侧的蓝色字，打开"另存为"对话框，设置存储名称及参数，单击"保存"按钮，返回至"导出设置"对话框。在"视频"选项卡中设置视频参数，如图8-25所示。

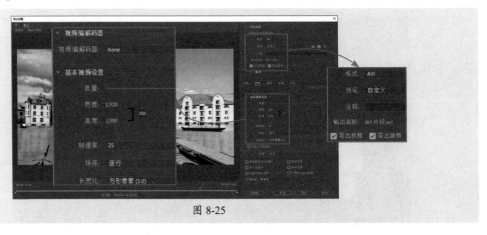

图 8-25

步骤 12 切换至"音频"选项卡设置参数，如图8-26所示。其他保持默认设置，单击"导出"按钮即可输出AVI视频。

图 8-26

至此，完成AVI格式视频的输出。

8.3.2 "源"选项卡和"输出"选项卡
——预览导出设置对源媒体的影响

"源"选项卡和"输出"选项卡位于"导出设置"对话框的左侧，切换这两个选项卡可以预览导出设置对源媒体的影响。

1."源"选项卡

"源"选项卡中显示的是未应用任何导出设置的源视频，在该选项卡中用户可以通过"裁剪输出视频"按钮 🔲 裁剪源视频，从而只导出视频的一部分，如图8-27所示。

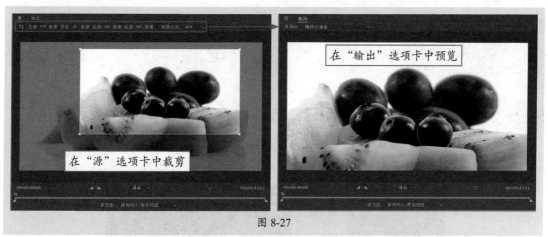

图 8-27

2."输出"选项卡

"输出"选项卡中显示的是应用于源视频的当前导出设置的预览，用户可以在该对话框中设置"源缩放"及"源范围"参数，如图8-28所示。

图 8-28

211

这两个参数的作用分别如下。

- **源缩放**：该下拉列表中的选项可以设置输出帧的源图像大小。其中，"缩放以适合"选项将缩放源帧以适合输出帧，而不进行扭曲或裁剪；"缩放以填充"选项将缩放源帧以完全填充输出帧；"拉伸以填充"选项将拉伸源帧，以在不裁剪的情况下完全填充输出帧；"缩放以适合黑色边框"选项将缩放源帧，以在不扭曲的情况下适合输出帧，黑色边框将应用于视频；"更改输出大小以匹配源"选项将自动将导出设置与源设置匹配。
- **源范围**：该下拉列表中的选项可以设置导出视频的持续时间，包括"整个序列""序列切入/序列切出""工作区域"和"自定义"四个选项，使用时根据需要选择即可。

8.3.3 "导出设置"选项卡——设置导出参数

"导出设置"选项卡中的选项主要用于设置导出内容的格式、路径、名称等参数，如图8-29所示。

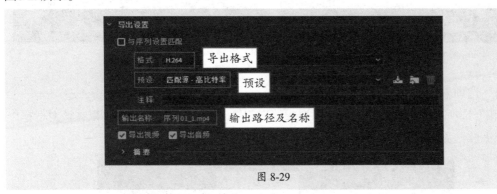

图 8-29

该选项卡中部分常用选项的作用如下。

- **与序列设置匹配**：选择该复选框后，将根据序列设置输出文件。
- **格式**：用于选择导出文件的格式，包括视频格式、音频格式及图像格式等，如图8-30所示。

图 8-30

- **预设：** 用于选择预设的编码配置输出文件，选择不同的格式预设选项也会有所不同。
- **输出名称：** 单击蓝色文字将打开"另存为"对话框，在该对话框中可以设置输出文件的名称和路径。
- **导出视频：** 用于设置是否导出文件的视频部分。
- **导出音频：** 用于设置是否导出文件的音频部分。

8.3.4 "视频"选项卡——设置导出的视频效果

"视频"选项卡中的选项可以设置导出视频的相关参数，选择导出不同的格式时，该选项卡中的内容也会略有不同。图8-31所示为选择H.264格式时的"视频"选项卡。

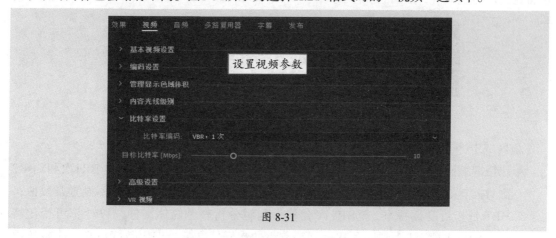

图 8-31

下面将对其中一些常用设置进行介绍。

1. 基本视频设置

该区域选项可以设置输出视频的一些基本参数，如宽度、高度、帧速率等，如图8-32所示。

图 8-32

该区域中部分选项的作用如下。

- **匹配源：** 选择该选项可自动将视频设置与源视频属性匹配。
- **宽度/高度：** 用于设置视频帧的宽度和高度。选择该选项右侧的复选框，可将该属性和源视频相匹配。

- **帧速率**：用于设置视频回放期间每秒显示的帧数。帧速率越高，运动越平滑。一般设置与源视频一致。
- **场序**：用于设置导出文件使用逐行帧还是由隔行扫描场组成的帧，包括逐行、高场优先和低场优先三种选项。其中逐行是数字电视、在线内容和电影的首选设置；当导出为隔行扫描格式时，可以选择高场优先或低场优先设置隔行扫描场的显示顺序。
- **长宽比**：用于设置单个视频像素的宽高比。

2. 比特率设置

比特率数值越大，输出文件越清晰，但超过一定数值后，清晰度就不会有明显提升，设置合适的数值即可，如图8-33所示。

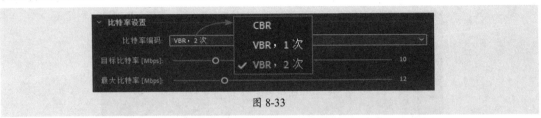

图 8-33

该区域中部分选项的作用如下。

- **比特率编码**：用于设置压缩视频/音频信号的编码方法，包括CBR、VBR1次和VBR2次3种选项。其中，CBR是恒定比特率，选择该选项可以为数据速率设置常数值；VBR是指可变比特率，VBR1次会从头到尾分析整个媒体文件，以计算可变比特率；VBR2次将从头到尾和从尾到头分析两次媒体文件，编码效率更高，生成输出的品质也会更高。
- **目标比特率**：用于设置编码文件的总体比特率。
- **最大比特率**：用于设置VBR编码期间允许的最小值和最大值。

8.3.5 "音频"选项卡——设置导出的音频效果

"音频"选项卡中的选项可以设置导出音频的相关参数，选择导出不同格式时，该选项卡中的内容也会略有不同。图8-34所示为选择AAC音频格式时的"音频"选项卡。

图 8-34

该选项卡中各选项的作用如下。

- **音频编解码器：** 用于设置音频压缩的编解码器。
- **采样率：** 用于设置将音频转换为离散数字值的频率。保持与录制时相同即可。
- **声道：** 用于设置导出文件中包含的音频声道数。
- **比特率：** 用于设置音频编码所用的比特率。一般来说，比特率越高，品质越高，文件大小也会越大。根据需要选择合适的数值即可。

操作提示

除了"导出设置""视频"等常用选项卡外，"导出设置"对话框中还包括"效果""字幕"等选项卡。其中，"效果"选项卡中的选项可向导出的媒体添加各种效果；"多路复用器"选项卡中的选项可以控制如何将视频和音频数据合并到单个流中，即混合；"字幕"选项卡中的选项可导出隐藏字幕数据，将视频的音频部分以文本形式显示在电视和其他支持显示隐藏字幕的设备上；"发布"选项卡中的选项可以将文件上传到各种目标平台。

课堂实战 输出MP4格式影片

本章课堂实战练习制作并输出MP4格式影片，目的是综合运用本章的知识点，以熟练掌握和巩固项目输出的操作方法。下面将进行操作思路的介绍。

步骤 01 打开Premiere软件，新建项目和序列。按Ctrl+I组合键，打开"导入"对话框，导入本章视频素材文件，如图8-35所示。

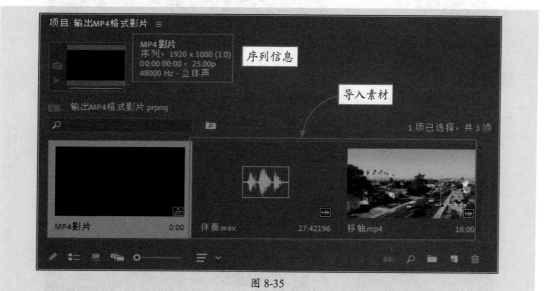

图 8-35

步骤 02 将视频素材拖曳至"时间轴"面板的V1轨道中，右击鼠标，执行"取消链接"命令，取消链接并删除音频，如图8-36所示。

图 8-36

步骤 03 在"效果"面板中搜索"亮度曲线"视频效果并将其拖曳至V1轨道素材上,在
"效果控件"面板中调整曲线提亮视频,效果如图8-37所示。

图 8-37

步骤 04 在"效果"面板中搜索"颜色平衡(HLS)"视频效果并将其拖曳至V1轨道素
材上,在"效果控件"面板中调整参数增加饱和度,效果如图8-38所示。

图 8-38

步骤 05 选中V1轨道中的素材，按住Alt键向V2轨道拖曳复制。在"效果"面板中搜索"高斯模糊"视频效果，然后将其拖曳至V2轨道素材上。在"效果控件"面板中设置参数，效果如图8-39所示。

图 8-39

步骤 06 移动播放指示器至00:00:00:00处，单击"高斯模糊"参数中的"创建4点多边形蒙版"按钮，创建蒙版并设置参数，在"节目"监视器面板中调整蒙版路径，如图8-40所示。

图 8-40

步骤 07 单击"蒙版路径"参数左侧的"切换动画"按钮 ◙，添加关键帧。移动播放指示器至00:00:05:10处，在"节目"监视器面板中根据道路调整蒙版路径，软件将自动添加关键帧，如图8-41所示。

图 8-41

217

步骤 08 使用相同的方法，在00:00:09:00处调整蒙版路径，效果如图8-42所示。

图 8-42

步骤 09 继续在00:00:13:20处和00:00:17:24处调整蒙版路径，保证蒙版覆盖路面即可，效果如图8-43所示。

图 8-43

步骤 10 双击音乐素材，在"源"监视器面板中预览效果，在00:00:03:10处添加入点，在00:00:24:08处添加出点。将添加了入点和出点的音频拖曳至"时间轴"面板的A1轨道，调整持续时间与V1轨道素材一致，如图8-44所示。

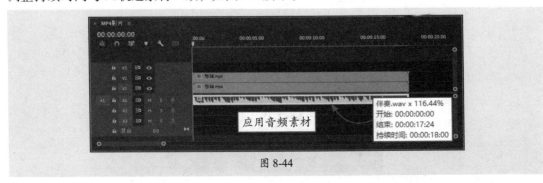

图 8-44

步骤 11 选中音频素材并右击鼠标，在弹出的快捷菜单中执行"音频增益"命令，打开"音频增益"对话框，设置"调整增益值"参数为-20。设置完成后单击"确定"按钮，效果如图8-45所示。

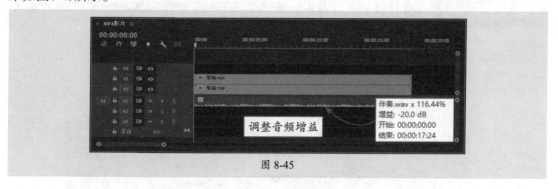

图 8-45

步骤 12 至此，完成动画的制作。按Enter键渲染预览素材，渲染后红色渲染条变为绿色，并自动播放视频，如图8-46所示。

图 8-46

步骤 13 按Ctrl+M组合键，打开"导出设置"对话框，在"导出设置"选项卡中设置"格式"为H.264，单击"输出名称"右侧的蓝字设置存储名称及参数。在"视频"选项卡中设置"比特率编码"为"VBR，2次"，"目标比特率"为4，"最大比特率"为8，如图8-47所示。其他保持默认设置，单击"导出"按钮即可输出MP4视频。

图 8-47

至此，完成MP4格式影片的输出。

课后练习 输出GIF动画

下面将综合运用本章学习的知识输出GIF动画，如图8-48所示。

图 8-48

1. 技术要点

- 新建项目和序列，导入素材文件；
- 应用素材文件并进行调整，添加文字内容；
- 通过关键帧制作动画效果；
- 输出GIF动画。

2. 分步演示

如图8-49所示。

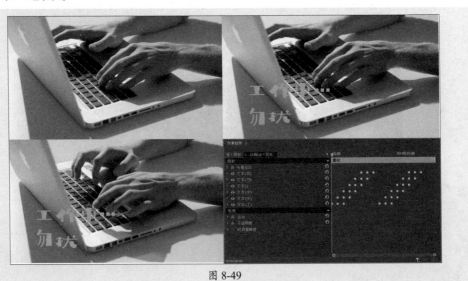

图 8-49

《猛龙过江》

《猛龙过江》是由李小龙自编自导，李小龙、苗可秀、罗礼士、小麒麟等主演的动作片，于1972年12月30日中国香港首映。该片讲述了一名香港青年受亲友之托，前往意大利的一家唐人餐馆，帮助老板对付黑社会分子的故事，如图8-50所示。

作为李小龙自编自导自演的作品，《猛龙过江》完全贯彻了他的电影理念，是其最具代表性的作品之一，影片中的动作场面真实华丽，为观众呈现出了精彩的武打镜头，如图8-51所示为影片剧照。

该片是一部非常成功的动作片，最后的高潮打斗部分直接采用中长镜实拍，使观众可以更好地感受到场景的紧张氛围和角色的真实表现，产生情感的共鸣和参与感。

图 8-50

图 8-51

素材文件

第 **9** 章

软件协同之
PS图像处理工具

内容导读

　　Photoshop软件多用于处理静态图像，本章将对其进行讲解，包括Photoshop基础知识、图层操作、图形绘制、文本的创建与编辑等内容，以及图像处理的相关操作，如图像修复、色彩调整、选区、蒙版及滤镜等。

思维导图

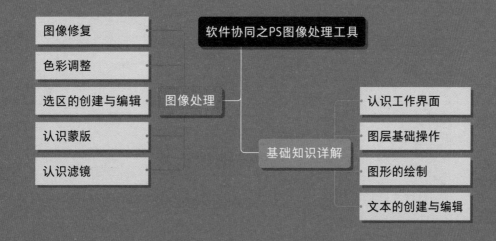

9.1 基础知识详解

Photoshop是一款专业的图像处理软件，广泛应用于平面设计、图像后期、网页制作、UI设计等领域。该软件具有极强的图像处理能力，可以满足图像处理的大部分需求。

9.1.1 案例解析——绘制按钮图标

在学习Photoshop基础知识之前，可以先看看以下案例，即使用形状工具及混合模式绘制按钮图标。

步骤 01 打开Photoshop软件，按Ctrl+N组合键，新建一个600像素×600像素的文档；设置前景色为#dbcbb6，按Alt+Delete组合键填充前景色，效果如图9-1所示。

步骤 02 选择"椭圆工具"，在选项栏中设置填充为渐变灰色，按住Shift键的同时按住鼠标左键在图像编辑窗口合适位置拖曳绘制正圆，如图9-2所示。

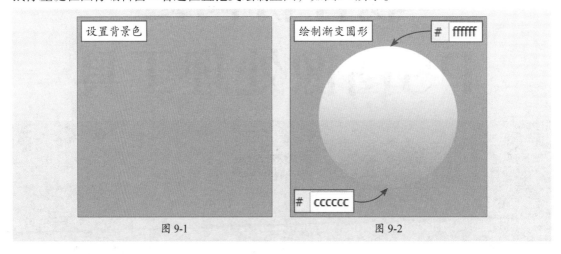

图 9-1　　　　　　　　　　　　　图 9-2

步骤 03 选择绘制的正圆，按Ctrl+J组合键复制并调整大小，在"属性"面板中设置其方向与原来相反，效果如图9-3所示。

步骤 04 选择复制的正圆，按Ctrl+J组合键再次复制并调整大小，在"属性"面板中设置其方向与原来相反，如图9-4所示。

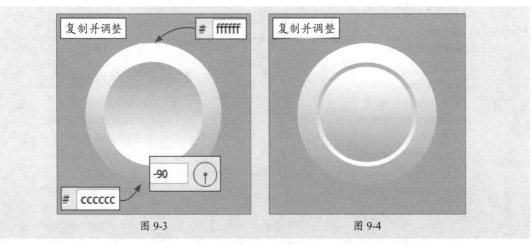

图 9-3　　　　　　　　　　　　　图 9-4

步骤 05 双击新复制图层"椭圆1拷贝"名称空白处，打开"图层样式"对话框，选择"斜面和浮雕"选项卡设置参数，如图9-5所示。

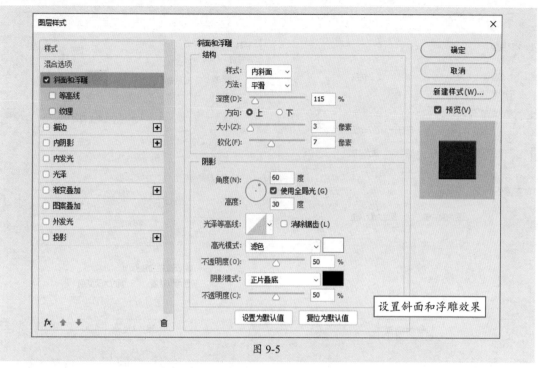

图 9-5

步骤 06 选择"内阴影"选项卡设置参数，制作内阴影效果，如图9-6所示。

步骤 07 选择"内发光"选项卡设置参数，制作内发光效果，如图9-7所示。

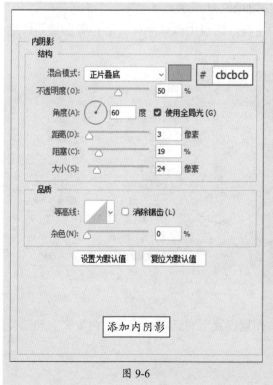

图 9-6

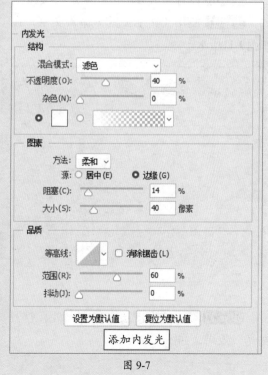

图 9-7

步骤 08 选择"渐变叠加"选项卡设置参数，叠加渐变效果，如图9-8所示。

步骤 09 选择"投影"选项卡设置参数，制作投影效果，如图9-9所示。

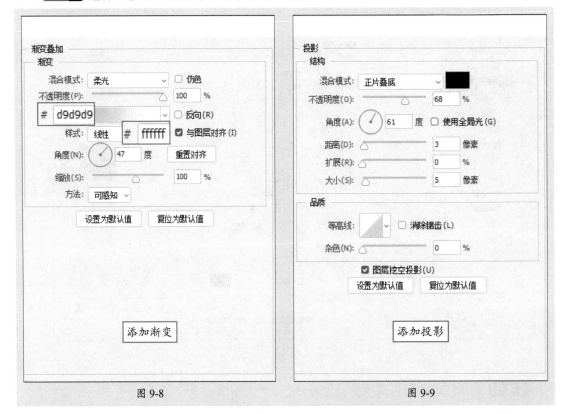

图 9-8   图 9-9

步骤 10 设置完成后单击"确定"按钮，效果如图9-10所示。

步骤 11 使用"文字工具"输入文字，在"字符"面板中调整字体、字号等参数，效果如图9-11所示。

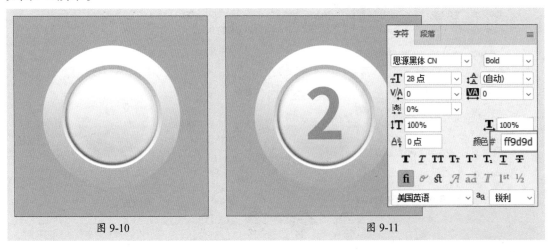

图 9-10   图 9-11

步骤 12 双击文字图层名称空白处，打开"图层样式"对话框，设置"内发光"和"外发光"效果，如图9-12所示。

内发光
结构
混合模式：正片叠底
不透明度(O)：40 %
杂色(N)：0 %
图素
方法：柔和
源：居中(E) 边缘(G)
阻塞(C)：14 %
大小(S)：18 像素
品质
等高线：消除锯齿(L)
范围(R)：60 %
抖动(J)：0 %
设置为默认值 复位为默认值

外发光
结构
混合模式：叠加
不透明度(O)：75 %
杂色(N)：0 %
图素
方法：柔和
扩展(P)：13 %
大小(S)：59 像素
品质
等高线：消除锯齿(L)
范围(R)：50 %
抖动(J)：0 %
设置为默认值 复位为默认值

设置文字内发光和外发光效果

图 9-12

步骤 13 设置完成后单击"确定"按钮，效果如图9-13所示。至此，完成按钮图标的绘制。

图 9-13

学 习 心 得

9.1.2　认识工作界面

Photoshop的工作界面由菜单栏、选项栏、工具箱、图像编辑窗口等多个部分构成，如图9-14所示。

图 9-14

这些部分的作用分别如下。

- **菜单栏**：单击菜单名称，在下拉菜单中执行命令对文档或图像进行编辑。
- **选项栏**：用于设置当前工具的参数，选取工具不同，选项栏中的选项也会不同。
- **标题栏**：用于显示文档名称、格式、窗口缩放比例、颜色模式等信息。
- **工具箱**：用于存放工具，使用时单击选择即可。部分工具以成组的形式隐藏在右下角带小三角形的工具按钮中，可长按工具按钮显示该组中的所有工具。
- **图像编辑窗口**：编辑图像的主要场所，用户可以在该场所绘制、编辑图像，并通过图像在窗口中的显示效果，来判断图像最终的输出效果。
- **状态栏**：显示当前文档信息。单击状态栏右侧的三角形按钮，在弹出的菜单中可以选择在状态栏中显示的内容。
- **面板**：不同的面板具有不同的作用。其中，"图层"面板可用于处理图层，"属性"面板可用于设置选中对象的属性，"通道"面板可编辑处理通道等。执行"窗口"命令，在其菜单中执行子命令可打开或关闭相应的面板。

9.1.3　图层基础操作

图层是Photoshop中最基础也是最核心的部分，所有的图像操作都依托图层进行。图层类似于堆叠在一起的透明纸，每个图层上有不同的内容，透过上层空白部分可看到下层相应部分的内容，这些图层堆叠在一起就是图像编辑窗口中观看的效果。

1.图层类型

Photoshop中的图层分为普通图层、背景图层、蒙版图层、文本图层等不同的类型，下面将分别进行介绍。

- **普通图层**：普通图层是最常用的一种图层，在Photoshop中为透明状态，用户可以在普通图层上绘制编辑图像。
- **背景图层**：背景图层是位于"图层"面板最下方特殊的不透明图层，它以背景色为底色，使用橡皮擦工具擦除背景图层时会显示背景色。用户可以在该图层中绘图或应用滤镜效果，但不可移动该图层位置或改变其叠放顺序，也不能更改其不透明度和混合模式。
- **文本图层**：文本图层是输入文本时软件自动生成的图层，右击鼠标，在弹出的快捷菜单中执行"栅格化图层"命令可将其转换为普通图层。
- **形状图层**：形状图层是用形状工具绘制形状时自动生成的图层，选中该图层，在"属性"面板中可对形状属性进行设置。
- **填充图层**：填充图层可创建填充纯色、渐变和图案三种类型的图层。
- **调整图层**：调整图层可以影响该层以下图层中的色调与色彩，但不会影响下层图层的属性。该图层最大的优点是具有可逆性，删除或隐藏该图层将恢复下方图层的原始效果。
- **智能对象图层**：智能对象图层是包含栅格或矢量图像中的图像数据的图层，该图层将保留图像的源内容及其所有原始特性，对图像进行非破坏性的编辑。
- **蒙版图层**：蒙版是图像合成的重要工具，蒙版图层中的黑、白和灰色像素控制着图层中相应位置图像的透明程度。其中，白色表示可见区域，黑色表示不可见区域，灰色表示半透明区域。

操作提示

　　创建包含透明内容的新图像时，图像没有背景图层。用户可以选中一个图层后，执行"图层"|"新建"|"图层背景"命令将其转换为背景图层，转换后该图层中的透明像素将被转换为背景色，且该图层将移动至"图层"面板底部。

2. "图层"面板

　　"图层"面板主要用于编辑管理图层。执行"窗口"|"图层"命令，即可打开"图层"面板，如图9-15所示，该面板中部分选项的作用如下。

图 9-15

- **菜单** ：单击该按钮，在弹出的菜单中可以执行相应的命令，设置图层。
- **图层滤镜** ：用于筛选不同类型的图层，可帮助用户快速查找图层。
- **设置图层的混合模式** ：用于设置图层混合模式，确定图层中的图像如何与其下层图层中的图像进行混合，从而制作出特殊的融合效果。
- **不透明度** ：用于设置不透明度以确定该图层下方图层的显示程度，数值越小，图层越透明。

- **锁定** 锁定: ⊠ ✔ ✛ 냅 🔒 ：用于锁定图层，以免误操作损坏图层内容。
- **填充** 填充: 100% ∨ ：用于在部分范围制作不透明度效果，如图层中的像素、形状或文本，但不影响图层样式的不透明度。
- **指示图层可见性** 👁 ：用于设置图层的显示和隐藏。要注意的是，隐藏图层不可编辑。
- **图层名称**：用于定义图层名称以便识别，在图层名称上双击可进入编辑模式进行更改。
- **链接图层** 🔗 ：用于链接图层，以便对多个图层进行移动、变换等操作。选中要链接的图层，单击该按钮即可。
- **添加图层样式** fx ：用于添加图层样式效果。单击该按钮，在弹出的菜单中执行相应的命令，打开"图层样式"对话框设置即可。
- **添加图层蒙版** ⬛ ：用于添加图层蒙版。
- **创建新的填充或调整图层** ◑ ：用于新建填充或调整图层。
- **创建新组** ▭ ：用于创建图层组。
- **创建新图层** ⊡ ：用于新建图层。
- **删除图层** 🗑 ：用于删除选中的图层。

3. 新建图层

执行"图层"|"新建"|"图层"命令或按Shift+Ctrl+N组合键，打开"新建图层"对话框，如图9-16所示。在该对话框中设置参数后单击"确定"按钮，即可新建图层。也可以直接单击"图层"面板中的"创建新图层"按钮，在当前图层上方新建图层。新建的图层会自动成为当前图层。

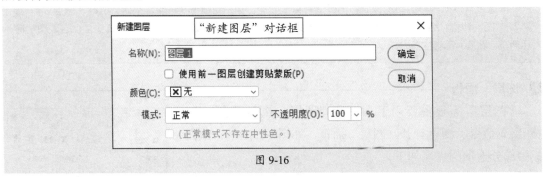

图 9-16

操作提示

单击"图层"面板底部的"创建新的填充或调整图层"按钮 ◑ ，在弹出的菜单中执行相应的命令，可创建填充图层或调整图层。

4. 复制与删除图层

复制可以创建图层副本，以有效避免误操作造成的图像损失。选中要复制的图层，按住鼠标左键将其拖曳至"创建新图层"按钮 ⊡ 上，或按Ctrl+J组合键即可复制图层。用户也可以按住Alt键拖曳复制。

删除文档中多余的图层，可以减少图像文件占用的存储空间。选中需要删除的图层，按Delete键或单击"图层"面板底部的"删除图层"按钮即可。

5. 合并图层

合并图层可以减少图层数目及文档大小，提高软件运行速度。用户可以根据需要合并图层。

1）合并多个图层

选中要合并的多个图层，执行"图层"|"合并图层"命令或按Ctrl+E组合键即可合并图层，并使用上层图层的名字，如图9-17所示。

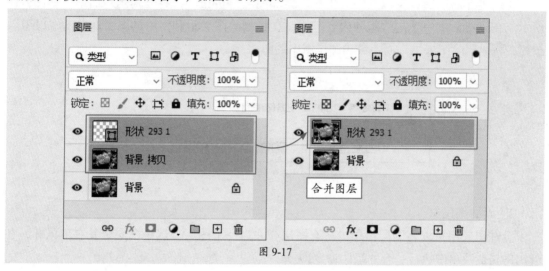

图 9-17

2）合并可见图层

执行"图层"|"合并可见图层"命令或按Ctrl+Shift+E组合键，可以合并"图层"面板中的所有可见图层，而不影响隐藏图层。

3）拼合图像

执行"图层"|"拼合图像"命令，将合并所有可见图层至背景图层中。若有隐藏的图层，在拼合时会弹出提示对话框，询问是否去掉隐藏图层，单击"确定"按钮，即可拼合图像并扔掉隐藏图层。

4）盖印图层

盖印图层是一种特殊的合并图层的方法，它可将多个图层的内容以图层的形式合并在一个新图层中，并保持原始图层不变。按Ctrl+Shift+Alt+E组合键，可将可见图层中的内容盖印到新图层中；按Ctrl+Alt+E组合键，可将选中的图层内容盖印到新图层中。

6. 创建与编辑图层组

图层组可以归纳整理图层，在不需要操作时折叠图层组，可以减少"图层"面板中图层占用的空间，方便查找与选择。

1）创建图层组

单击"图层"面板底部的"创建新组"按钮📁，即可新建图层组；也可以在"图层"面板中选中多个图层，执行"图层"|"图层编组"命令或按Ctrl+G组合键创建图层组。新

建的图层组名称左侧有一个扩展按钮⟩，单击该按钮可展开图层组，再次单击可将图层组折叠起来。

操作提示

新建图层组后，将图层拖动至图层组名称上，待图层组名称上下出现蓝色线条时释放鼠标，可将图层移动至图层组中。

2）删除图层组

若想删除图层组，可以选中后单击"删除图层"按钮🗑，打开提示对话框，如图9-18所示。在该对话框中单击"组和内容"按钮，将删除图层组和组中的图层；单击"仅组"按钮，将只删除图层组，而不影响图层组中的图层。

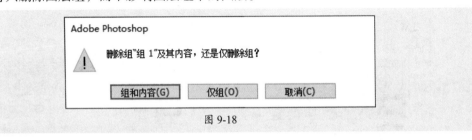

图 9-18

3）合并图层组

合并图层组可以将图层组中的所有图层合并为一个图层。选中图层组并右击鼠标，在弹出的快捷菜单中执行"合并组"命令即可。

7. 图层样式

利用图层样式可以改变图像外观，制作投影、发光、浮雕等效果。双击图层名称空白处或缩览图，即可打开"图层样式"对话框，如图9-19所示。用户也可以单击"图层"面板底部的"添加图层样式"按钮 𝑓𝑥，或选中图层后右击鼠标，在弹出的快捷菜单中执行"混合选项"命令，打开"图层样式"对话框。

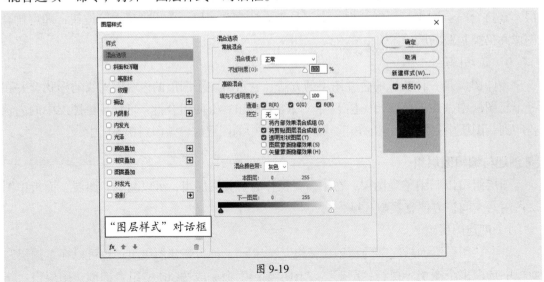

图 9-19

该对话框中各选项卡的作用如下。

- **样式**：用于选择预设好的图层样式进行应用。
- **混合选项**：用于设置混合效果。
- **斜面和浮雕**：用于增加图像边缘的明暗度，并增加投影来使图像产生立体效果。其中，"等高线"选项可以在浮雕中创建凹凸起伏的效果，"纹理"选项可以创建不同的纹理效果。
- **描边**：使用颜色、渐变或图案描绘图像的轮廓。
- **内阴影**：在紧靠图层内容的边缘内添加阴影，使图层产生凹陷效果。
- **内发光**：在图像边缘的内部添加边缘向内的发光效果。
- **光泽**：为图像添加光滑的具有光泽的内部阴影，常用于制作光滑的磨光或金属效果。
- **颜色叠加**：在图像上叠加指定的颜色。
- **渐变叠加**：在图像上叠加指定的渐变色。
- **图案叠加**：在图像上叠加指定的图案。
- **外发光**：在图像边缘的外部添加边缘向外的发光效果。
- **投影**：用于模拟物体受光后产生的投影效果，以增强图像的层次感。

对于添加的图层样式，可以进行复制、隐藏、删除等操作，下面将对此进行说明。

1）复制图层样式

选中添加图层样式的图层，执行"图层"|"图层样式"|"拷贝图层样式"命令即可复制该图层样式，再选中需要粘贴图层样式的图层，执行"图层"|"图层样式"|"粘贴图层样式"命令即可完成粘贴。用户也可以按住Ctrl+Alt组合键，将要复制的图层样式拖曳至要粘贴的图层上进行复制。

操作提示

> 在"图层"面板中选中添加图层样式的图层后，右击鼠标，在弹出的快捷菜单中执行"拷贝图层样式"命令，然后选中要粘贴图层样式的图层，右击鼠标，执行"粘贴图层样式"命令，同样可以复制图层样式。

2）隐藏图层样式

Photoshop中一般通过以下两种方式隐藏图层样式。

- **隐藏所有图层样式**：执行"图层"|"图层样式"|"隐藏所有效果"命令，即可隐藏该文档中所有图层的图层样式；
- **隐藏单一图层样式**：在"图层"面板中单击图层样式左侧的"切换图层效果可见性"按钮 ⊙，即可隐藏该图层效果。

操作提示

> 单击"图层"面板中图层名称右侧的"在面板中显示图层效果"按钮 可折叠图层效果，再次单击可展开。

3）删除图层样式

删除多余的图层样式可以有效提高软件运算效果，常用的删除方式有以下两种。

- **删除图层中所有图层样式**：在"图层"面板中选中图层后右击鼠标，在弹出的快捷菜单中执行"清除图层样式"命令，或将"图层效果（所有）"  图标拖曳至"删除图层"按钮 🗑 上，即可删除当前图层中的所有图层样式。
- **删除图层中单一图层样式**：选中要删除的单个图层样式，将其拖曳至"删除图层"按钮 🗑 上，即可删除该样式而不影响其他图层样式。

9.1.4 图形的绘制

在Photoshop中，可以通过形状工具组、画笔工具组和橡皮擦工具组中的工具绘制编辑图形，制作出更加美观的图像效果。

1. 形状工具组

形状工具组中包括矩形工具、椭圆工具、三角形工具等基础形状工具，如图9-20所示。这些工具的作用分别如下。

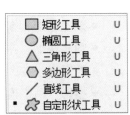

图 9-20

- **矩形工具 □**：用于绘制矩形和圆角矩形。按住Shift键可绘制正方形。
- **椭圆工具 ○**：用于绘制椭圆。按住Shift键可绘制正圆。
- **三角形工具 △**：用于绘制等腰三角形。按住Shift键可绘制正三角形。
- **多边形工具 ○**：用于绘制多边形和星形。
- **直线工具 ╱**：用于绘制直线。
- **自定形状工具 ✿**：用于绘制自定义形状。选中该工具后，可在选项栏中选择预设的形状进行绘制。

选择形状工具组中的工具后，在图像编辑窗口中按住鼠标拖曳即可绘制相应的形状。图9-21所示为用形状工具组中的工具绘制的形状。用户也可以选中工具后在图像编辑窗口中单击，打开相应的"创建形状"对话框更精确地绘制指定大小的形状。

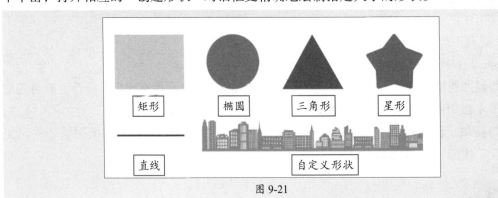

图 9-21

操作提示

使用形状工具组中的工具绘制图形时，按住Alt键可以以起点为中心绘制图形；按住Shift键可按比例绘制图形。

2. 画笔工具组

画笔工具组中包括画笔工具、铅笔工具等绘图工具，如图9-22所示。这些工具的作用分别如下。

图 9-22

- **画笔工具** ![画笔工具图标]：用于绘制图像，该工具在Photoshop中的应用非常广泛。选中该工具后，执行"窗口"|"画笔设置"命令，在打开的"画笔设置"面板中可以对画笔笔尖形状进行设置，从而制作出更加丰富的笔刷效果。
- **铅笔工具** ![铅笔工具图标]：用于绘制图像。与画笔工具相比，用铅笔工具绘制的图像边缘较硬，锯齿效果比较明显。
- **颜色替换工具** ![颜色替换工具图标]：在保留图像原有材质的纹理与明暗的情况下，使用前景色替换图像中的色彩，使图像发生变化。
- **混合器画笔工具** ![混合器画笔工具图标]：模拟真实的绘画技术，制作出画笔混合的效果。

选择画笔工具组中的工具，然后在选项栏中选择画笔预设后，在图像编辑窗口中按住鼠标左键拖曳即可绘制相应的效果。

使用画笔工具组中的工具时，在英文模式下按[键可缩小画笔大小，按]键可放大画笔大小。

3. 橡皮擦工具组

橡皮擦工具组中包括橡皮擦工具、背景橡皮擦工具和魔术橡皮擦工具三种工具，这三种工具可用于擦除图像的部分内容，从而修饰图像。

- **橡皮擦工具** ![橡皮擦工具图标]：用于擦除像素。在背景图层或锁定透明度的图层中应用时，擦除区域将变为背景色；若在普通图层中应用，则擦除区域变为透明效果。
- **背景橡皮擦工具** ![背景橡皮擦工具图标]：用于擦除图像中指定颜色的像素，使其变为透明效果。
- **魔术橡皮擦工具** ![魔术橡皮擦工具图标]：用于擦除图像或选区中颜色相同或相近的区域，使擦除部分的图像呈透明效果。

9.1.5 文本的创建与编辑

文字是记录语言的符号，具有传递信息、表述情感的作用。Photoshop中包括横排文字工具、直排文字工具、直排文字蒙版工具和横排文字蒙版工具四种工具。这些工具的作用分别如下。

- **横排文字工具** ![横排文字工具图标]：用于输入横向排列的文本。
- **直排文字工具** ![直排文字工具图标]：用于输入竖向排列的文本。
- **直排文字蒙版工具** ![直排文字蒙版工具图标]：用于创建竖向排列的文字选区。
- **横排文字蒙版工具** ![横排文字蒙版工具图标]：用于创建横向排列的文字选区。

1. 创建文本

Photoshop中可以将文本分为点文本、段落文本和路径文本三种类型。这三种类型文本的作用及创建方式分别如下。

- **点文本**：使用文字工具在图像编辑窗口中单击输入的文字即为点文本，点文本可按Enter键换行。输入文字后，单击选项栏中的☑按钮或按Ctrl+Enter组合键可退出文字编辑状态。
- **段落文本**：该类型文本具有边界，适用于需要输入较多文字的情况。选择文字工具，在图像编辑窗口中按住鼠标左键拖曳绘制文本框，在文本框中输入的文本即为段落文本。与点文本相比，段落文本会基于文本框的尺寸自动换行，按Enter键可将文本分段。
- **路径文本**：沿着开放或封闭的路径边缘流动的文字。选择文字工具在路径上单击，输入的文本即为路径文本，改变路径时文本位置也会随之变化。

图9-23所示分别为创建的点文本、段落文本和路径文本。

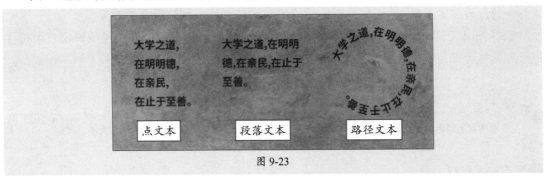

图 9-23

2. 编辑文本

选中文字工具后，可以在选项栏中设置文本的属性参数。图9-24所示为横排文字工具选项栏。其中，单击"更改文本方向"按钮🗚可以使文本在横排和直排之间转换，单击"创建文字变形"按钮🗚可打开"变形文字"对话框，设置文字变形。

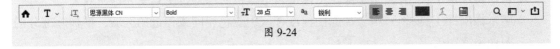

图 9-24

除了在选项栏中设置外，用户还可以通过"字符"面板和"段落"面板编辑文本。其中，"字符"面板可以精确地设置文字的字体、字号、间距等文字参数；"段落"面板则可以设置段落属性。图9-25和图9-26所示分别为"字符"面板和"段落"面板。

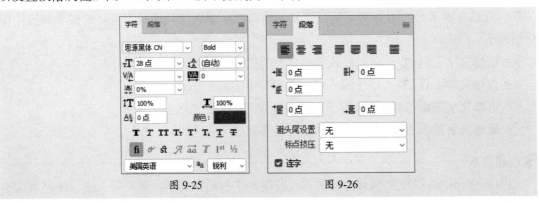

图 9-25   图 9-26

9.2　图像处理

Photoshop最强大的功能在于对图像的处理，本小节将从图像修复、调色、选区及蒙版等方面对Photoshop图像处理进行说明。

9.2.1　案例解析——替换人物背景

在学习替换人物背景之前，可以先看看以下案例，即使用选区工具创建选区，通过蒙版抠取图像。

步骤 01 启动Photoshop软件，将本章素材文件"背景.jpg"拖曳至软件中，如图9-27所示。

步骤 02 执行"文件"|"置入嵌入对象"命令，置入本章素材文件"散步.jpg"，并调整至合适大小，如图9-28所示。

图 9-27

图 9-28

步骤 03 选中新导入的素材文件，按Ctrl+J组合键复制。隐藏原图像，选中复制图像，在"图层"面板中右击鼠标，在弹出的快捷菜单中执行"栅格化图层"命令，将图层栅格化，如图9-29所示。

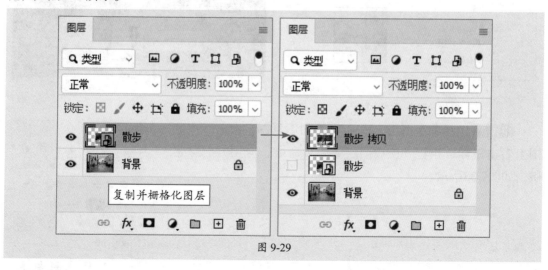

图 9-29

步骤 04 使用对象选择工具选择人物创建人物选区，如图9-30所示。

步骤 05 单击"图层"面板底部的"添加图层蒙版"按钮，创建图层蒙版，如图9-31所示。

图 9-30　　　　　　　　　　图 9-31

步骤 06 选择蒙版图层，执行"图像"|"调整"|"匹配颜色"命令，打开"匹配颜色"对话框，设置参数使该图层颜色与背景相匹配，如图9-32所示。

图 9-32

步骤 07 选择蒙版图层，按住Alt键向下复制，在蒙版缩览图上右击鼠标，执行"应用图层蒙版"命令，应用并删除蒙版，如图9-33所示。

图 9-33

238

步骤08 选择复制图层，按Ctrl+T组合键自由变换，效果如图9-34所示。

图 9-34

步骤09 双击复制图层名称空白处，打开"图层样式"对话框"颜色叠加"选项卡，设置黑色叠加效果，如图9-35所示。

步骤10 选中复制图层，执行"滤镜"|"模糊"|"高斯模糊"命令，打开"高斯模糊"对话框，设置模糊效果，设置完成后单击"确定"按钮，应用模糊效果。在"图层"面板中设置该图层的"不透明度"为75%，效果如图9-36所示。

图 9-35

图 9-36

至此，完成人物背景的替换。

9.2.2 图像修复

修复工具组中的工具可用于修复图像中的瑕疵；图章工具组中的工具可用于复制和修复图像内容。通过这些工具，可以有效修复图像，使其达到需要的视觉效果。

1.修复工具组

修复工具组中包括污点修复画笔工具、修复画笔工具等五种工具，如图9-37所示。这五种工具的作用分别如下。

图 9-37

● **污点修复画笔工具**：用于去除图像中的标记和污渍，使用时仅需在需要修复的位置单击即可。图9-38所示为修复图像前后的效果。

图 9-38

● **修复画笔工具**：用于将样本像素的纹理、光照、透明度和阴影与所修复的像素进行匹配，从而使修复后的像素与周围像素更好地融合。使用时需要先按住Alt键在源区域单击取样，再用取样点的样本图像来修复图像。
● **修补工具**：使用其他区域或图案中的像素来修复选中的区域。使用时在修补的地方拖动鼠标绘制选区，然后拖动选区至要复制的区域，即可修补原来选中的内容。
● **内容感知移动工具**：选择和移动图片的一部分，并自动填充移走后的空洞区域。
● **红眼工具**：去除使用闪光灯或在光线昏暗处拍摄人物时出现的红眼现象。使用时在选项栏中设置参数，然后在红眼处单击即可。

2. 图章工具组

图章工具组中包括仿制图章工具和图案图章工具两种工具，其作用分别如下。

● **仿制图章工具**：用于将取样图像应用至其他图像或同一图像的其他位置。使用时须先按住Alt键在图像中单击取样，然后在需要修复的图像区域单击仿制图像。图9-39所示为仿制效果。

仿制图章工具去除画面内容

图 9-39

● **图案图章工具** ▣: 用于将预设的图案或自定义图案复制应用至图像中, 制作特殊效果。

在Photoshop中使用矩形选框工具在图像上拖曳创建选区, 执行"编辑"|"定义图案"命令, 打开"图案名称"对话框设置名称, 完成后单击"确定"按钮, 即可将选区内的内容定义为图案。

9.2.3 色彩调整

色彩是极具视觉表现力的元素, 不同的色彩会给观众带来不同的感受。在Photoshop中, 用户可以通过图像"调整"命令或调整图层调色。

1. 图像调整命令

执行"图像"|"调整"命令, 在其子菜单中即可看到Photoshop中的多个图像调整命令, 如图9-40所示。下面将对其中比较常用的命令进行介绍。

● **亮度/对比度**: 用于调整图像的亮度和对比度。

● **色阶**: 色阶是表示图像亮度强弱的指数标准。执行该命令, 可校正图像的色调范围和色彩平衡。

● **曲线**: 通过调整曲线影响图像的颜色和色调, 使图像色彩更加协调。

● **色相/饱和度**: 通过对图像的色相、饱和度和亮度进行调整, 达到改变图像色彩的目的。还可以通过给像素定义新的色相和饱和度, 实现灰度图像上色的功能, 或制作单色调效果。

● **色彩平衡**: 该命令可以调整图像整体色彩平衡, 在彩色图像中改变颜色的混合效果, 常用于纠正图像中明显的偏色问题, 使整体色调更平衡。要注意的是, 该命令只作用于复合颜色通道。

● **黑白**: 用于将彩色图像转换为黑白图像, 呈现图像的主体和纹理。

● **照片滤镜**: 模拟传统光学滤镜特效, 使图像呈现不同的色调。

● **通道混合器**: 将图像中某个通道的颜色与其他通道中的颜色进行混合, 使图像产生合成效果, 从而调整图像色彩。

● **反相**: 将图像中的颜色替换为相应的补色, 制作出负片效果。

● **色调分离**: 简化图像中有丰富色阶渐变的颜色, 使图像呈现出木刻版画或卡通画的效果。

● **阈值**: 将灰度或彩色图像转换为高对比度的黑白图像。其中, 所有比阈值亮的像素转换为白色; 而所有比阈值暗的像素转换为黑色。

亮度/对比度(C)...	
色阶(L)...	Ctrl+L
曲线(U)...	Ctrl+M
曝光度(E)...	
自然饱和度(V)...	
色相/饱和度(H)...	Ctrl+U
色彩平衡(B)...	Ctrl+B
黑白(K)...	Alt+Shift+Ctrl+B
照片滤镜(F)...	
通道混合器(X)...	
颜色查找...	
反相(I)	Ctrl+I
色调分离(P)...	
阈值(T)...	
渐变映射(G)...	
可选颜色(S)...	
阴影/高光(W)...	
HDR 色调...	
去色(D)	Shift+Ctrl+U
匹配颜色(M)...	
替换颜色(R)...	
色调均化(Q)	

图 9-40

241

- **渐变映射**：将相等的图像灰度范围映射到指定的渐变填充色。即在图像中将阴影映射到渐变填充的一个端点颜色，高光映射到另一个端点颜色，而中间调映射到两个端点颜色之间。
- **可选颜色**：选择某种颜色范围有针对性地修改，在不影响其他原色的情况下修改图像中的某种原色的数量，可用于校正颜色平衡。
- **阴影/高光**：根据图像中阴影或高光的像素色调增亮或变暗，多用于校正由于强逆光而形成剪影的照片，或校正由于太接近相机闪光灯而有些发白的焦点。
- **去色**：去掉图像的颜色，使图像显示为灰度，但不改变图像的颜色模式。
- **匹配颜色**：将一个图像中的颜色与另一个图像的颜色进行匹配，仅RGB模式可用。
- **替换颜色**：将图像中某个区域的颜色替换为其他颜色，从而调整色相、饱和度和明度值。

操作提示

执行图像调整命令后，在打开的对话框中设置参数即可调整图像的显示效果。

2. 调整图层

调整图层是一类特殊的图层，该类型图层可作用于位于其下的所有图层。与"调整"命令相比，调整图层不会破坏原始图像且可随时复原，还可以搭配蒙版使调整效果仅作用于部分区域，如图9-41所示。

蒙版调整部分区域色彩平衡

图 9-41

单击"图层"面板底部的"创建新的填充或调整图层"按钮，在弹出的菜单中选择相应的调整图层，即可创建调整图层。创建的调整图层默认具有图层蒙版，用户可以通过蒙版设置调整图层影响的区域。

选中创建的调整图层，在"属性"面板中可以对其属性进行设置。不同的调整图层的"属性"面板选项也有所不同，用户可以根据相应调整命令对话框中的选项进行设置。

9.2.4 选区的创建与编辑

选区是Photoshop处理图像的重要工具。通过选区可以处理图像的部分区域，或选择性地保留图像的部分内容。

■ 创建选区

Photoshop中包括多个选区工具及选区命令，通过这些工具和命令，可以满足用户创建选区的需要。下面将对这些工具及命令进行说明。

1）选框工具组

选框工具组中包括矩形选框工具、椭圆选框工具、单行选框工具和单列选框工具四种工具。这四种工具的作用分别如下。

- **矩形选框工具** ⬚：用于创建矩形和正方形选区。选择该工具后，在图像上按住鼠标拖曳即可创建选区，如图9-42所示。按住Shift键拖曳，可以绘制正方形选区。

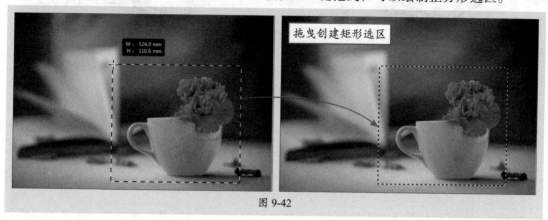

图 9-42

- **椭圆选框工具** ◯：用于创建椭圆形和正圆形的选区。
- **单行选框工具** ▭：用于选择一行像素，多与单列选框工具结合使用制作网格效果。
- **单列选框工具** ▯：用于选择一列像素。

选框工具组中各工具的选项栏基本一致。图9-43所示为选择矩形选框工具时的选项栏。

图 9-43

该选项栏中部分常用选项的作用如下。

- **羽化：** 用于设置选区羽化效果，数值越大，选区边缘越模糊，直角也越圆滑。要注意的是，需要在创建选区之前设置羽化值，否则将不起作用。
- **消除锯齿：** 通过软化边缘像素与背景像素之间的颜色，使选区的锯齿状边缘平滑，且不会丢失细节。仅椭圆选框工具可设置。
- **样式：** 用于设置选区的样式，包括正常、固定比例和固定大小三种选项。
- **选择并遮住：** 单击该按钮，将进入"选择并遮住"工作区创建更加精准的选区。

2）套索工具组

套索工具组中包括套索工具、多边形套索工具和磁性套索工具三种工具。这三种工具的作用分别如下。

- **套索工具** ◯：用于创建任意形状的选区。选择该工具后在图像上按住鼠标沿着要选择的区域拖曳，释放鼠标后即可创建选区。
- **多边形套索工具** ⬦：用于创建具有直线边缘的不规则多边形选区，适合选择具有直线边缘的不规则物体。选择该工具后在图像上单击确定多边形顶点，然后在结束处双击闭合选区即可。图9-44所示为创建的多边形选区。

图 9-44

- **磁性套索工具** ：该工具可以识别图像中颜色交界处反差较大的区域创建精准选区，适用于选择与背景反差较大且边缘复杂的对象。选择该工具后在要选择的区域边缘单击确定起点，然后沿着要选择区域的边缘移动鼠标，即可自动在图像边缘生成锚点，当终点与起点重合时，单击即可闭合选区。

3）魔棒工具组

魔棒工具组中包括对象选择工具、快速选择工具和魔棒工具三种工具。这三种工具的作用分别如下。

- **对象选择工具** ：查找并自动选择对象，多用于在包含多个对象的图像中选择一个对象或某个对象的一部分。选择该工具后，移动鼠标指针至对象上单击，即可自动选择对象，如图9-45所示。

图 9-45

- **快速选择工具** ：用于快速创建选区。使用该工具时选区会向外拓展并自动查找和跟随图像中定义的边缘。选择该工具后，在图像上需要选择的区域单击并拖动鼠标，即可创建选区。
- **魔棒工具** ：用于选取图像中颜色相同或相近的区域。选择该工具后，在选项栏中设置容差，然后在图像上要选择的区域单击即可创建选区。

4）常用选区命令

选区命令多位于"选择"菜单中，通过这些命令同样可以创建选区。其中比较常用的四种选区命令的作用如下。

- **色彩范围：** 用于选择现有选区或整个图像内指定的颜色或色彩范围。
- **焦点区域：** 用于选择位于焦点中的图像区域或像素。
- **主体：** 用于快速选择图像中最突出的主体。
- **天空：** 用于快速选择图像中的天空区域。若想替换天空，可以执行"编辑"|"天空替换"命令，使用预设的天空替换原图像中的天空。

操作提示

　　除了以上工具和命令外，用户还可以使用钢笔工具 ⌀ 创建路径，再按Ctrl+Enter组合键将路径转换为选区以创建更加丰富的选区。

2. 编辑选区

选区创建后，还可以根据需要对选区进行缩放、变换、移动等操作，以便创建更加准确的选区。

1）移动选区

- **移动选区及选区对象：** 选择移动工具后移动鼠标指针至选区内部，按住鼠标左键拖动即可移动选区及选区内对象。
- **移动选区：** 选择任意选区工具后在选项栏中单击"新选区"按钮 ▣，移动鼠标指针至选区内部，按住鼠标左键拖动即可仅移动选区。

2）反选选区

反选选区可以切换选中区域与未选中区域，反向选区。创建选区后，执行"选择"|"反选"命令或按Shift+Ctrl+I组合键即可。

3）修改选区

使用"选择"菜单中的"修改"命令可以在原选区的基础上调整选区。该命令中包括"边界""平滑"等五个子命令，作用分别如下。

- **边界：** 根据选区边界创建选区，即将当前选区转换为以选区边界为中心向内向外扩张指定宽度的选区。
- **平滑：** 平滑选区边界，清除选区中的杂散像素，平滑尖角和锯齿。
- **扩展：** 用于在当前选区的基础上扩大选区范围。
- **收缩：** 用于在当前选区的基础上缩小选区范围。
- **羽化：** 柔化选区边缘，生成由选区中心向外渐变的半透明效果。

4）扩大选取

执行"选择"|"扩大选取"命令可以扩展选区，选择所有位于"魔棒"选项指定的容差范围内的相邻像素。

5）选取相似

执行"选择"|"选取相似"命令可以选择整个图像中与当前选区具有相似颜色的

区域。

6）变换选区

创建选区后执行"选择"|"变换选区"命令，选区周围将出现定界框，用户可以自由调整定界框改变选区的大小、位置、角度等参数。

7）存储选区

存储选区有助于选区的再次使用。执行"选择"|"存储选区"命令，打开"存储选区"对话框，如图9-46所示。在该对话框中设置选区的目标图像、目标通道、选区运算的操作方式等参数后，单击"确定"按钮即可存储选区。

8）载入选区

载入选区可以将存储的选区重新载入。执行"选择"|"载入选区"命令，打开"载入选区"对话框，如图9-47所示。在该对话框中设置参数找到存储的选区后，单击"确定"按钮即可将选区载入。

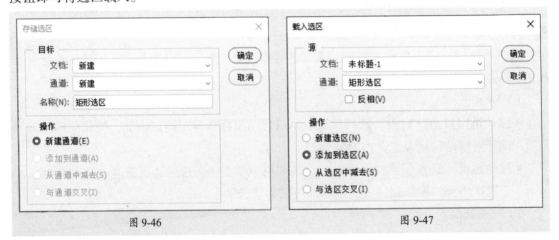

图 9-46   图 9-47

9.2.5 认识蒙版

蒙版又称遮罩，是一种特殊的图像处理效果。其中黑色区域的部分将被隐藏，白色区域的部分被显示，灰色区域的部分呈半透明状显示，且蒙版是无损编辑，不会对原图像造成破坏性的损伤。本小节将对蒙版的创建与编辑进行说明。

1. 创建蒙版

蒙版可以分为快速蒙版、矢量蒙版、剪贴蒙版和图层蒙版四种类型。不同类型蒙版的创建方式也有所不同，下面将分别进行说明。

1）快速蒙版

快速蒙版是一种临时性的蒙版，可以在图像表面暂时生成一种与保护膜类似的保护装置，且几乎可以使用全部的绘画工具或滤镜对蒙版进行编辑。

单击工具箱底部的"以快速蒙版模式编辑"按钮回或按Q键进入快速蒙版编辑模式，选择绘画工具在需要添加快速蒙版的区域涂抹，默认涂抹区域为被蒙版区域，呈半透明红色显示。按Q键退出快速蒙版编辑模式，未涂抹区域将被转换为选区，如图9-48所示。

快速蒙版创建选区

图 9-48

创建快速蒙版时不会产生相应的附加图层,多用于快速处理当前选区。

2)矢量蒙版

矢量蒙版是通过路径创建的蒙版,仅作用于当前图层。选中要创建矢量蒙版的图层,使用形状工具或钢笔工具绘制路径,完成后执行"图层"|"矢量蒙版"|"当前路径"命令即可基于当前路径创建矢量蒙版。用户也可以选择形状或路径后,按住Ctrl键单击"图层"面板底部的"添加蒙版"按钮,创建矢量蒙版。

矢量蒙版创建后,可以通过直接选择工具调整路径,从而影响蒙版效果。

3)剪贴蒙版

剪贴蒙版是通过下方图层(基底图层)的图像轮廓来控制上方图层(内容图层)图像的显示区域。Photoshop中一般通过以下三种方式创建剪贴蒙版。

● 选中内容图层,执行"图层"|"创建剪贴蒙版"命令或按Alt+Ctrl+G组合键,即可以相邻的下层图层为基底图层创建剪贴蒙版。

● 在"图层"面板中选中内容图层,右击鼠标,在弹出的快捷菜单中执行"创建剪贴蒙版"命令,即可以相邻的下层图层为基底图层创建剪贴蒙版。

● 按住Alt键,在"图层"面板中要创建剪贴蒙版的两个图层相接处单击即可创建剪贴蒙版。

剪贴蒙版的内容图层可以有多个,但必须是相邻的图层。

4)图层蒙版

图层蒙版是较为常用的一种蒙版,用户可以使用画笔工具在蒙版上涂抹来控制图层区域的显示或隐藏。选中图层后，单击"图层"面板底部的"添加图层蒙版"按钮 ▣ ，即可为选中的图层添加图层蒙版，选中蒙版缩览图，设置前景色为黑色，在蒙版中涂抹即可隐藏涂抹区域的内容。

操作提示

当图层中存在选区时创建图层蒙版，将仅保留选区内的图像，其余部分被隐藏。

2. 编辑蒙版

创建蒙版后，还可以对其进行移动、复制、停用、启用等操作，以便更好地观察应用。下面将对此进行说明。

1）停用与启用蒙版

停用和启用蒙版可以切换蒙版的显示效果，帮助用户观察蒙版的作用。在"图层"面板中右击蒙版缩览图，在弹出的快捷菜单中执行"停用图层蒙版"命令，或按住Shift键单击图层蒙版缩览图即可停用图层蒙版，此时可观察原始图像效果，如图9-49所示；执行"启用图层蒙版"命令或再次按住Shift键单击蒙版缩览图可启用图层蒙版，此时可观察添加蒙版后的图像效果，如图9-50所示。

图 9-49

图 9-50

2）移动与复制蒙版

选中蒙版缩览图，拖曳至其他图层即可移动蒙版至其他图层；按住Alt键拖曳至其他图层可复制蒙版至其他图层。

操作提示

按住Alt键单击蒙版缩览图，可隐藏图像信息，显示蒙版。

3）删除与应用蒙版

删除蒙版是指删除蒙版效果，使图像恢复原始状态；而应用蒙版则可以永久删除图层的隐藏部分。选中蒙版缩览图后右击鼠标，在弹出的快捷菜单中执行"删除图层蒙版"命令，可删除图层蒙版；执行"应用图层蒙版"命令，可删除蒙版隐藏部分。

4）将通道转换为蒙版

通道转换为蒙版的实质是将通道中的选区作为图层的蒙版，从而调整图像效果。在"通道"面板中按住Ctrl键单击相应的通道缩览图，即可载入该通道的选区，切换至"图层"面板选择要添加蒙版的图层，单击"添加图层蒙版"按钮 回 即可。

9.2.6 认识滤镜

滤镜是一种特殊的图像处理工具，它通过一定的算法分析处理图像中的像素，使图像呈现特殊的、充满艺术性的效果。Photoshop的"滤镜"菜单中包括多个独立滤镜及滤镜组，这些滤镜的作用各有不同，部分常用滤镜的作用如下。

- **滤镜库**：滤镜库中包括常用的六组滤镜，用户可以根据需要添加滤镜列表中的滤镜，并在滤镜参数选项组中进行设置。执行"滤镜"|"滤镜库"命令，即可打开"滤镜库"对话框。
- **自适应广角**：该滤镜可以校正由于使用广角镜头而造成的镜头扭曲。执行"滤镜"|"自适应广角"命令，打开"自适应广角"对话框设置校正类型、缩放比例等参数即可。
- **Camera Raw滤镜**：该滤镜主要用于调整画面效果，它提供了导入和处理相机原始数据的功能，同时可用于处理JPEG和TIFF格式的文件。
- **镜头校正**：该滤镜可以修复常见的镜头瑕疵，如桶形失真、枕形失真等。
- **液化**：该滤镜可以将图像以液体状态进行流动变化，让图像在适当的范围内用其他部分的图像像素替代原来的图像像素。
- **消失点**：该滤镜可以在保证图像透视角度不变的前提下，对图像进行绘制、仿制、复制或粘贴以及变换等操作。
- **风格化滤镜组**：该滤镜组中包括"查找边缘""等高线"等九个滤镜，这些滤镜可以通过置换像素和查找并增加图像的对比度，创建绘画式或印象派艺术效果。
- **模糊滤镜组**：该滤镜组中包括"表面模糊""动感模糊"等十一个滤镜，这些滤镜可以减少相邻像素间颜色的差异，使图像产生柔和、模糊的效果。
- **模糊画廊滤镜组**：该滤镜组中包括"场景模糊""移轴模糊"等五个滤镜，这些滤镜可以通过直观的图像控件快速创建截然不同的模糊效果。
- **扭曲滤镜组**：该滤镜组中包括"波浪""极坐标"等九个滤镜，这些滤镜可以扭曲平面图像，使其产生旋转、挤压、水波和三维等变形效果。
- **锐化滤镜组**：该滤镜组的效果与"模糊"滤镜组相反，主要是通过增强图像相邻像素间的对比度，使图像轮廓分明、纹理清晰，以减弱图像的模糊程度。
- **像素化滤镜组**：像素化滤镜组中包括"彩色半调""马赛克"等七个滤镜，这些滤镜可以通过将图像中相似颜色值的像素转换成单元格的方法，使图像分块或平面化，将图像分解成肉眼可见的像素颗粒，如方形、不规则多边形和点状等，视觉上看就是图像被转换成由不同色块组成的图像。
- **渲染滤镜组**：该滤镜组中包括"火焰""云彩"等八个滤镜，这些滤镜可以在图像中创建3D形状、云彩图案、折射图案和模拟光反射，也可以从灰度文件创建纹理填充以产生类似3D的光照效果。

- **杂色滤镜组**：该滤镜组中包括"减少杂色""蒙尘与划痕"等五个滤镜，这些滤镜可以给图像添加一些随机产生的干扰颗粒，创建不同寻常的纹理或去掉图像中有缺陷的区域。
- **其他滤镜组**：该滤镜组中包括"高反差保留""自定"等六个滤镜，这些滤镜可以帮助用户创建自定义滤镜，也可以在图像中使选区发生位移和快速调整颜色。

课堂实战 制作视频封面

本章课堂实战练习制作视频封面。综合运用本章的知识点，以熟练掌握和巩固图像处理工具的操作方法。下面将进行操作思路的介绍。

步骤 01 新建一个1920像素×1080像素的空白文档，执行"文件"|"置入嵌入对象"命令，导入本章素材文件，效果如图9-51所示。

步骤 02 单击"图层"面板底部的"创建新的填充或调整图层"按钮，在弹出的菜单中选择"曲线"命令新建曲线调整图层，在"属性"面板中设置曲线，效果如图9-52所示。

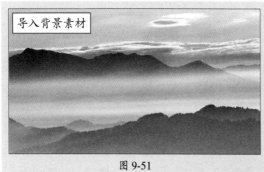

图 9-51

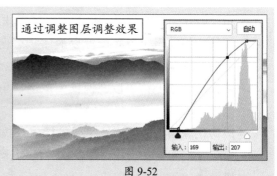

图 9-52

步骤 03 选中"青山"图层，按Ctrl+J组合键复制。执行"滤镜"|"模糊"|"高斯模糊"命令，打开"高斯模糊"对话框设置模糊参数，完成后单击"确定"按钮，效果如图9-53所示。

步骤 04 导入本章纹理素材，并设置其混合模式为"柔光"，"不透明度"为15%，效果如图9-54所示。

图 9-53

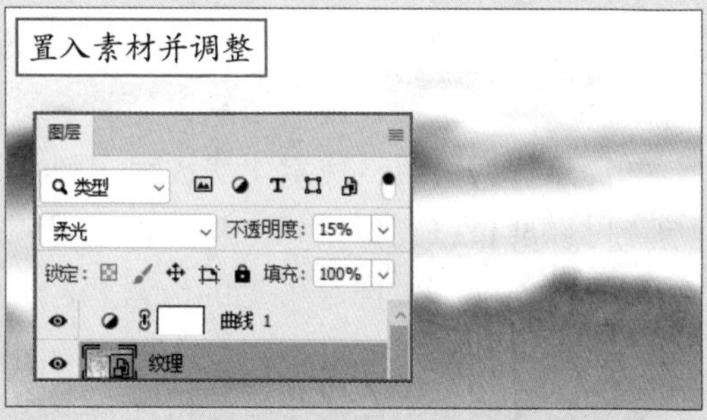

图 9-54

步骤 05 选择工具箱中的自定形状工具，在选项栏中选择预设的"宝塔"形状，设置填充为黑色，描边为无，在图像编辑窗口合适位置按住Shift键绘制形状，在"图层"面板中设置其混合模式为"叠加"，"不透明度"为50%，效果如图9-55所示。

步骤 06 导入本章建筑素材，使用魔棒工具在建筑素材天空处单击创建选区，执行"选择"|"修改"|"扩展"命令，打开"扩展选区"对话框，设置扩展量为1像素，完成后单击"确定"按钮，创建选区，效果如图9-56所示。

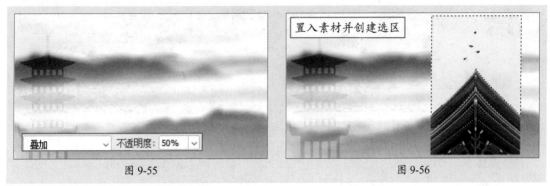

图 9-55　　　　　　　　图 9-56

步骤 07 按Ctrl+Shift+I组合键反向选区，单击"图层"面板底部的"添加图层蒙版"按钮，创建图层蒙版效果，如图9-57所示。

图 9-57

步骤 08 选中蒙版后的图层，按Ctrl+T组合键调整至合适大小，并移动至合适位置，如图9-58所示。

图 9-58

步骤 09 在"图层"面板中选择蒙版后的图层，按住Alt键向下拖曳复制，并调整其混合模式为"正片叠底"，"不透明度"为23%，效果如图9-59所示。

步骤 10 选中曲线调整图层，使用文字工具在图像编辑窗口中单击输入文字，并设置合适的参数，软件将自动在调整图层上方新建文字图层，效果如图9-60所示。

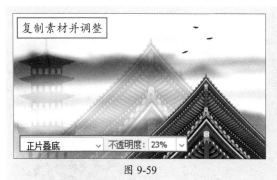

图 9-59

图 9-60

步骤 11 在"图层"面板中选中文本图层，按住Alt键向下拖曳复制，并按键盘上的↓键和→键移动位置，设置文字颜色为深红色，效果如图9-61所示。

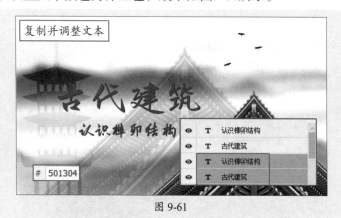

图 9-61

步骤 12 选中复制图层，按Ctrl+J组合键复制，设置其颜色为白色，并按键盘上的↑键和←键移动位置，效果如图9-62所示。

图 9-62

至此，完成视频封面的制作。

课后练习　制作路面文字效果

下面将综合运用本章学习的知识制作路面文字效果，如图9-63所示。

图 9-63

1. 技术要点

- 导入背景素材，输入文本并复制文本选区；
- 新建图层，使用"消失点"滤镜制作透视效果；
- 使用混合模式和图层样式将文字融入路面中。

2. 分步演示

如图9-64所示。

图 9-64

《地道战》

《地道战》是八一电影制片厂出品的战争电影,由任旭东执导,朱龙广主演,于1966年元旦在全国上映。该片讲述了抗日战争时期,为了粉碎敌人的"扫荡",河北省冀中人民在中国共产党的领导下,创新地利用地道战的斗争方式打击日本侵略者的故事,如图9-65所示。

该片是当作民兵传统教学片来拍的,主要目的是体现毛泽东的人民战争思想,同时让观众看之后能学到一些基本军事知识和对敌斗争的方法,如图9-66所示为影片剧照。

影片中的地道内镜头画面均为内搭景拍摄,摄制组运用摄影镜头和巧妙剪辑,使其呈现出真实的质感。截至2012年,《地道战》已创造出总计30亿人次观看的记录。

图 9-65

图 9-66

参考文献

[1] 吉家进，樊宁宁．After Effects CS6技术大全 [M]．北京：人民邮电出版社，2013．

[2] Adobe公司．Adobe After Effects经典教程 [M]．北京：人民邮电出版社，2009．

[3] 程明才．After Effects CS4影视特效实例教程 [M]．北京：电子工业出版社，2010.3．

[4] 沿铭洋，聂清彬，Illustrator CC平面设计标准教程 [M]．北京：人民邮电出版社，2016．

[5] Adobe公司．Adobe InDesign CC经典教程 [M]．北京：人民邮电出版社，2014．